3分钟漫画

变通思维

BIANTONGSIWEI

钉小鹿研发中心◎编著

天地出版社 | TIANDI PRESS

图书在版编目（CIP）数据

变通思维 / 钉小鹿研发中心编著 . — 成都 : 天地出版社，2024.3
（3 分钟漫画）
ISBN 978-7-5455-8258-1

I. ①变… II. ①钉… III. ①思维方法 — 通俗读物 IV. ① B80-49

中国国家版本馆 CIP 数据核字（2024）第035296 号

BIANTONG SIWEI
变通思维

出品人 杨 政
编 者 钉小鹿研发中心
责任编辑 刘 元
责任校对 张月静
装帧设计 钉小鹿研发中心
责任印制 王学锋

出版发行 天地出版社
（成都市锦江区三色路238号 邮政编码：610023）
（北京市方庄芳群园 3 区 3 号 邮政编码：100078）
网 址 http://www.tiandiph.com
电子邮箱 tianditg@163.com
经 销 新华文轩出版传媒股份有限公司

印 刷 三河市天润建兴印务有限公司
版 次 2024 年 3 月第 1 版
印 次 2024 年 3 月第 1 次印刷
开 本 630mm×900mm 1/16
印 张 12
字 数 160 千字
定 价 39.80 元
书 号 ISBN 978-7-5455-8258-1

咨询电话：(028) 86361282 (总编室)
购书热线：(010) 67693207 (营销中心)

目录

CONTENTS

变通思维

第一篇 变通者，与时偕行

第一章　何以为赢，思维变通 …… 2

突破思维，利用群体效应 …… 2

“弯道”未必不好走 …… 4

巧借他人力，谋事于无形 …… 6

懂得示弱，巧妙解决问题 …… 8

懂得退一步，才能进十步 …… 10

反向思考，阻碍也是线索 …… 12

暗亏难防，拐个弯儿反击 …… 14

常“回头”看看不是坏事 …… 16

第二章　谋事在人，人随势变 …… 18

明哲保身，避免纷争 …… 18

知己知彼，局势为上 …… 20

请将不如激将 …… 22

安定人心，提振士气 …… 24

软硬兼施，摸透对方想法 …… 26

适时隐退，识时务者为俊杰 …… 28

第三章　凡益之道，与时偕行 …… 30

骄兵必败，不击自溃 …… 30

事预则立，不预则废 …… 32

韬光养晦，等待时机 …… 34

蓄势待发，水到渠成 …… 36

隐藏锋芒，保全自我 …… 38
学会从对方的心理出发 …… 40
两极反转，物极必反 …… 42

第二篇 识局者生，破局者存

第一章 打破常规，跳出思维框架 …… 46
视野开阔，方能柳暗花明 …… 46
看透本质，做事无往不利 …… 48
挖掘角度，推陈出新 …… 50
坚持自我，铸就独特人生 …… 52
问题的解决办法不止一种 …… 54
反其道而行之 …… 56
换个方向，殊途同归 …… 58
第二章 路在脚下，别让改变成为空谈 …… 60
未雨绸缪，车到山前未必有路 …… 60
冷暖自知，绘就人生蓝图 …… 62
行动起来，一切才有可能 …… 64
心思转换，妙解僵局 …… 66
不要小觑他人力量 …… 68
突出他人利益，维护自身权益 …… 70
破釜沉舟搏一搏，柳暗花明又一村 …… 72
第三章 心随境转则凡，心能转境则圣 …… 74
心态吸引力法则 …… 74
你对了，世界就对了 …… 76
不以物扰，不困于心 …… 78
向内求力量，向外寻突破 …… 80
专注自身，不盲从他人 …… 82
为他人抱薪也是在温暖自己 …… 84
竞争不如“竞合” …… 86

第四章　话术变通，任尔东西南北风 ………………………… 88
把握时机，说话不可随心所欲 ………………………… 88
留白艺术，牢记两个“别一口” ………………………… 90
别把“低情商”当“直率” ………………………… 92
换种方式，让别人听你说 ………………………… 94
打破常规，说话出其不意 ………………………… 96
以夸还夸，互赞互励 ………………………… 98
抓住对方心理，精准套话 ………………………… 100
尴尬局面巧化解，随机应变是关键 ………………………… 102

好风凭借力，送我上青云

第一章　职场思维，峰回路转只在一念之间 ………………………… 106
无法改变局面，但可以改变态度 ………………………… 106
重要的不是成功，而是持续成长 ………………………… 108
低效率勤奋比懒惰更可怕 ………………………… 110
低调历练，方有一飞冲天之时 ………………………… 112
学无止境，实力是天赋和努力的总和 ………………………… 114
外求不如内求，切勿画地为牢 ………………………… 116
打破桎梏，开辟新路 ………………………… 118
别让资历限制你的能力 ………………………… 120
机会往往潜伏在变化中 ………………………… 122
艰难之处开出机会之花 ………………………… 124
摆脱惯性思维，不盲从“常理” ………………………… 126
吃亏是福，占便宜是祸 ………………………… 128
意外可以是创意的温床 ………………………… 130
工作不是你生活的全部 ………………………… 132
第二章　职场求存，笑到最后的人究竟高明在哪 ………………………… 134
不要生活在他人的目光里 ………………………… 134

摆脱自我限制，不要框定自己 …………………… 136
把握潮流，顺应时代趋势 ………………………… 138
站在风口，顺势成事 ……………………………… 140
摆脱平庸，发扬匠心精神 ………………………… 142
顺势不通，试试逆势而行 ………………………… 144
比起“有所为”，“有所不为”更关键 ………… 146
别让短板限制了你的发挥 ………………………… 148
工欲善其事，必先利其器 ………………………… 150
保持自信，也要懂得谦逊 ………………………… 152
调整步伐，着眼于长远胜利 ……………………… 154
面对危机，应变有道 ……………………………… 156
媒体智谋，做好自我营销 ………………………… 158
客户至上，达到最佳效果 ………………………… 160
第三章　职场交际，有些事别随着性子来………… 162
多为他人着想，保全他人“面子” …………… 162
苛求他人，等于孤立自己 ………………………… 164
把握时机，见机行事 ……………………………… 166
情绪稳了，话才能说到点子上 …………………… 168
放低姿态，阐明意图 ……………………………… 170
提高警惕，巧妙应对夸赞 ………………………… 172
领导“自嘲”，借势反夸 ……………………… 174
冷静应对客户的“致命”问题 …………………… 176
饭局左右逢源，言语灵活变通 …………………… 178
饭局窘境，话术巧解 ……………………………… 180
转换思路，巧妙脱身 ……………………………… 182
酒宴之上，句句金玉 ……………………………… 184

01 第一篇

变通者，与时偕行

我们生活在这个瞬息万变的世界，唯有变通才能突破困境，唯有变通才能游刃有余，唯有变通才能走得更远。在历史的长河中，我们的祖先们用智慧和勇气书写了一个又一个传奇故事，本篇将带领您穿越时空，一同探寻发生在他们身上的变通故事。

第一章 何以为赢，思维变通

突破思维，利用群体效应

合理地利用群体效应，可以激发我们的创新思维，拓展解决问题的思路。这需要我们积极倾听他人的意见和建议，汇集各方的观点，并从中提炼出有益的创意。

1. 发挥“领头羊”的作用

司马睿建立了东晋，王导在他手下做事。当时国库空虚，府库积压了一批白绢。
积压的这批白绢，如果不赶紧处理好，过不了多久，就会因天气而发霉，大家一起想想对策。
不如，就让我们来为百姓做个示范，我们这些朝中大臣先各制一套白绢单衣穿在身上，这样百姓看到后，就会纷纷效仿，到那时再将白绢售出，就可以解决白绢积压的问题了。
旁白：不久之后，积压的白绢就被百姓抢购一空了。
王先生，真神人也。
在下只不过是利用了官员对百姓的影响，百姓效仿乃是人之常情。
旁白：凭借出色的才能，王导辅佐司马睿解决了许多难题。当时人称“王与马，共天下”。

要让别人听从自己的建议，首先需要发挥带头作用。带头人需要具备权威，通过自己的行动和表现来影响和带动他人。只有自己做得足够好，才能赢得他人的信任和尊重，从而让自己的建议得到认同和执行。

2. 想被别人看到，“噱头”必不可少

陈子昂花重金从乐器铺买了一把胡琴，围观的人大感震惊。

这是谁家的公子哥啊？出手真阔绰！
我是蜀中陈子昂，初来京都，请诸位朋友赏光，明日光临宣阳里，听鄙人演奏胡琴。
旁白：这件事一传十，十传百。第二天，果然有很多人来宣阳里听陈子昂弹琴。众人围观之时，陈子昂却将琴举起来摔了个粉碎。

……
诸位朋友，在下陈子昂，自小饱读诗书，熟知经文。我写过上百篇的文章，到京城也有一段时日了，却始终得不到赏识。今天，借弹琴请大家来看看在下的诗文，请不吝赐教！
旁白：围观的人中不乏文人骚客，这些人读了陈子昂的诗后纷纷称妙。就这样，陈子昂的声名在一日之间传遍了京城。

“噱头”并不等同于虚假宣传或夸大其词，而是要基于真实、有价值的内容进行创意包装和呈现。通过巧妙的策划，将普通的点子转化为引人注目的“噱头”，能够吸引更多的关注，从而提升个人或企业的知名度和影响力。

TIPS 小贴士

1. 领头者要有担当，为团队的成功和失败负责。
2. 在利用噱头时，要有分寸感，避免引起他人的反感。

“弯道”未必不好走

生活中总会有一些棘手的问题，让我们感到无从下手。面对这些问题，有时候我们虽然没有选择的余地，但可以尝试绕过问题，寻找新的解决方法。“条条大路通罗马”，不一样的旅途会让你见到不一样的风景。

1. 抓住漏洞，顺水推舟

明朝时，宁王养的丹顶鹤被一只狗咬死了，管家报官让狗的主人偿命。

大人，这个人唆使自己家的狗咬死御赐丹顶鹤，不仅是蔑视王爷，更是欺君罔上！
大胆恶犬，竟敢犯下如此滔天大罪！快说你是受谁唆使的？

大人，狗又听不懂人话，你审它做什么？
狗既然听不懂人话，人如何唆使它呢？你这不是自相矛盾吗？

旁白：管家被问得哑口无言，见势不妙，逃之夭夭。

在交流中，真正的高手不仅善于表达自己的观点，更能从对方的言辞中捕捉到细微的信息。他们知道，言辞中的每一个漏洞都可能是对方思维上的盲点，也是自己说服对方的依据。因此，他们往往能以四两拨千斤的方式，让对话按照自己的意图进行。

2. 让他听你的，不必证明“他错了”

春秋时期，齐景公的马夫杀了一匹老马，景公盛怒，要杀马夫，晏子前来劝谏。

那马随我征战多年，是我心头之爱，你竟然擅作主张，杀了我的爱马。
大王莫急，让我来替你教训这个马夫。
……
你罪应当死啊，你为大王养马，却让它死掉了。你让国君不得不找你报仇，不是让天下人以为国君只爱马而不爱人吗？
算了，马已经死了，就放了马夫吧，免得天下人耻笑我不仁不义。

晏子并未直接指出齐景公的问题，而是从另一个角度提醒他，如果惩罚马夫，可能会让天下人误解他只爱马不爱人。这种旁敲侧击的劝谏方式，既保全了齐景公的面子，又让齐景公意识到了自己的过错。在面对他人的过错时，不一定要直接指责，有时候通过巧妙的言辞，从另一个角度出发，可能会取得更好的效果。

TIPS 小贴士

1. 在谈判过程中，要认真倾听对方的观点。这样，我们可以抓住对方语言中的漏洞，然后再以其人之道还治其人之身，就能让对方发现自身做法的不合理之处。
2. 在劝谏上级时，运用旁敲侧击的方式可以减少直接冲突，同时帮助上级意识到问题。

巧借他人力，谋事于无形

面对挑战，有的人选择硬碰硬，而有的人则善于巧借他人力，谋事于无形。后者深知，有些问题若以直来直去的方式解决，不仅效果有限，还可能引发更多的矛盾。而通过巧妙地运用智慧和技巧，则能够在不将自己拖入浑水的情况下，达到自身目的。

1. 用“坏”事成就好事

知县甲在某地走马上任，当地有个恶霸，仗着背后有靠山，经常欺凌弱小。知县得知后，准备想个办法将此人惩治一番。

岂有此理，给我把他绑来，先打他几十大板再说！
遵命，大人！
肃静
回避
旁白：衙役大张旗鼓地去抓人，没想到恶霸早得到了风声，先一步跑到靠山面前告状。衙役无功而返，知县还险些丢掉了官职。

派人送10两金子给恶霸，送的时候一定要大张旗鼓，让当地人都知道。
遵命。
肃静
回避
旁白：几天之后，衙役匆匆来报，说恶霸家里进了贼人，被偷了金子，还被打成了重伤，再也无法作恶。知县借他人之手，成功惩戒了恶霸。

在人际交往和商业竞争中，能够准确洞察并利用他人的心理去解决问题，往往能够取得意想不到的效果，甚至可能实现用一件“坏事”成就一件好事的效果。当然，这种策略并不是要恶意利用他人，而是要在合乎法律和道德的前提下进行。

2. 找准弱点，逐一攻破

春秋时期，晋国意图兼并虞国和虢国，晋献公担心两国结成联盟，因此先派人到虞国游说。

虞公，这些宝玉和骏马是我们晋国的一点心意，希望能从虞国借路去攻打虢国。
好说好说，我看虢国不爽很久了，愿意助你们出兵攻打！

旁白：虞公贪图重金，又害怕得罪晋国，因此答应了晋国的要求，允许晋国军队通过虞国土地去征伐虢国。凯旋之日，虞公亲自出城迎接晋军。

把他给我拿下，包围虞国都城！

旁白：至此，晋献公用一箭双雕之计，将虞国、虢国尽数并入晋国领土。

在面对多个对手时，我们不能盲目地采取全面进攻的策略。高明的方法是找准每个对手的弱点，然后逐一攻破。这需要我们深入了解每个对手的情况，细心观察和分析，从而准确地判断其弱点所在。一旦找到了弱点，就要集中力量进行攻击，使对手无法有效应对。

TIPS 小贴士

1. 锻炼灵活的思维方式，并不断进行调整，以应对不断变化的局势。
2. 了解竞争对手和大众群体的心理特性，可以借助众人的力量来打消某个对手的势力。
3. 在竞争中，我们可以与盟友共同策划战略，确保在对抗其他对手时能够有效协作。同时，我们也要准备好与盟友分手，独立对抗对手或寻找新的盟友。

懂得示弱，巧妙解决问题

示弱是一种充满智慧与策略的生活哲学。在复杂的社会环境中，示弱成为一种自我保护的手段，它让我们在面对困境时能够隐藏自己的实力，避免成为他人攻击的目标。

1. 用示弱放松他人警惕

鸿门宴后，陈平发现项羽不具备做帝王的潜力，于是决定深夜坐船前去投靠刘邦。

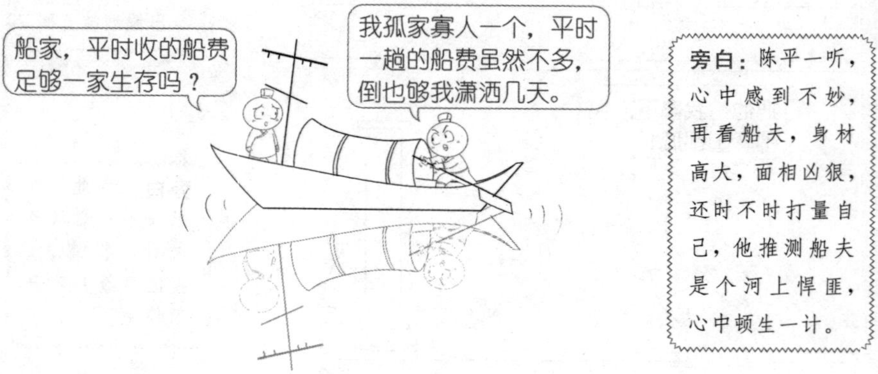
船家，平时收的船费足够一家生存吗？
我孤家寡人一个，平时一趟的船费虽然不多，倒也够我潇洒几天。
旁白：陈平一听，心中感到不妙，再看船夫，身材高大，面相凶狠，还时不时打量自己，他推测船夫是个河上悍匪，心中顿生一计。

这天气怎么这么热了，我脱几件衣服啊，船家莫见怪。唉，最近这手头是越来越紧了，身上也只有过路费了。
你脱吧，不碍事的。
旁白：陈平脱了衣服，让船夫知道他身上并无金银可抢，这才保住了自己的性命。

在陷入险境时，主动示弱可以缓和紧张的气氛，减轻对方的防备心理，从而为自己争取更多的时间来化解危机。同时，示弱还能够展现自己的诚意和谦虚的态度，赢得他人的尊重和信任。

2. 用示弱安抚他人情绪

康熙年间，四阿哥奉旨追讨欠款，十阿哥带头闹事，当众摆摊卖货。官员田文镜前去劝阻，反而引得十阿哥大怒，要当众鞭打他。

这个不省心的老十，难道真要铸成大错吗？我必须制止他！
皇上，还是让我去吧。

旁白：年羹尧说完，就火急火燎地赶去找十阿哥。

年羹尧，你也是来拦我的吗？我告诉你，你今天拦我，我连你也打！
十阿哥，您误会了，我只是一个小官，哪里敢阻拦您呢？只是如果八阿哥知道了，事情就不好收场了……

旁白：年羹尧知道强硬的劝阻无异于以卵击石，因此连忙示弱，先安抚十阿哥的情绪，同时派人去请能管住他的八阿哥，最终巧妙解决了问题。

当我们遇到他人的攻击或挑衅时，如果选择硬碰硬的方式，则很可能会加剧矛盾，甚至导致关系破裂。而如果我们能够以柔克刚，用示弱来回应，则可以让他人的情绪得到安抚，缓和紧张的氛围。这需要我们具备敏锐的观察力和感知力，能够准确地判断他人的情绪状态。

TIPS 小贴士

1. 懂得示弱的人往往能够以退为进，积蓄力量，最终实现逆袭。
2. 示弱并非妥协与屈服，而是在坚定信念的基础上，以灵活的策略应对外界的变化。

懂得退一步，才能进十步

常言道，退一步海阔天空，这并非空话。一个深谙进退之道，懂得审时度势的人，能够在激烈的社会竞争中立于不败之地。

1. 暂时退让，避免不必要的损失

西汉开国名将韩信出身贫寒，年轻时喜读兵书，偏偏有个屠夫看不惯他。

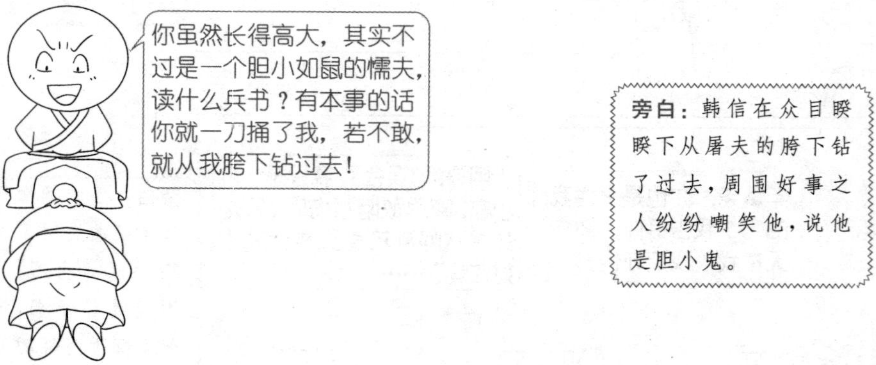
你虽然长得高大，其实不过是一个胆小如鼠的懦夫，读什么兵书？有本事的话你就一刀捅了我，若不敢，就从我胯下钻过去！
旁白：韩信在众目睽睽下从屠夫的胯下钻了过去，周围好事之人纷纷嘲笑他，说他是胆小鬼。

我知道你不是贪生怕死之辈，为什么要忍受屠夫的胯下之辱呢？
如果我在冲动之下捅死他，恐怕自己也会被官府抓走，为了争一时之气而搭上自己的性命，实在是不值得。
旁白：韩信忽视众人的嘲笑，继续苦读，终成开国大将。

生活中，我们可能会遇到一些突发情况或者棘手的问题。这时候如果硬着头皮去对抗或者坚持，就可能会导致不必要的损失。而暂时退让则可以帮助我们规避风险、降低损失，并为我们争取更多的时间去提升自我。

2. 忍辱负重，麻痹对手

春秋时期，吴王夫差打败越王勾践后，借机要求越王夫妇到吴国为仆。

勾践，还不快来给本王牵马！
大王，我这就来。
旁白：勾践夫妇在吴国忍气吞声多年，终于让夫差放下戒备，允许他们回国。
在吴国受的屈辱本王一日不敢忘，有朝一日，定将吴国攻下！
大王亲自耕种，臣妾亲自织布，吞吴大计不愁实现不了。
旁白：公元前473年，勾践见时机成熟，率兵将夫差包围在姑苏山上。

在竞争激烈的现实生活中，忍辱负重、麻痹对手是一种常见的策略，可用于实现个人或团体的目标。通过忍受屈辱和压力，承担沉重的责任，我们可以在关键时刻给对手制造意外的“惊喜”，从而取得胜利。然而，这种策略并非简单地忍耐和隐藏，它需要智慧和勇气，更需要对时机的准确把握。

TIPS 小贴士

1. 退让并不是失败，而是为了避免受到更大的损失；退让也并不是怯懦，它只是暂时的妥协，更是一种进行自我保全的策略。
2. 适时地后退一步，可以积累人脉，也可以积蓄精力，是我们应该学习的策略，用好它，原本一些很难做成的事或许就能做成。

反向思考，阻碍也是线索

在人生的道路上，我们常常会遇到各种阻碍。然而，正是这些阻碍让我们变得更加坚强，更有勇气去面对未知的风险。因此，我们要学会反向思考，把一切阻碍看作成功的线索。这样，我们才能在曲折中不断前进，最终到达梦想的彼岸。

1. 正话反说有奇效

春秋时期，晋文公重耳喜欢吃烤肉。这一天，他因烤肉而大发雷霆。

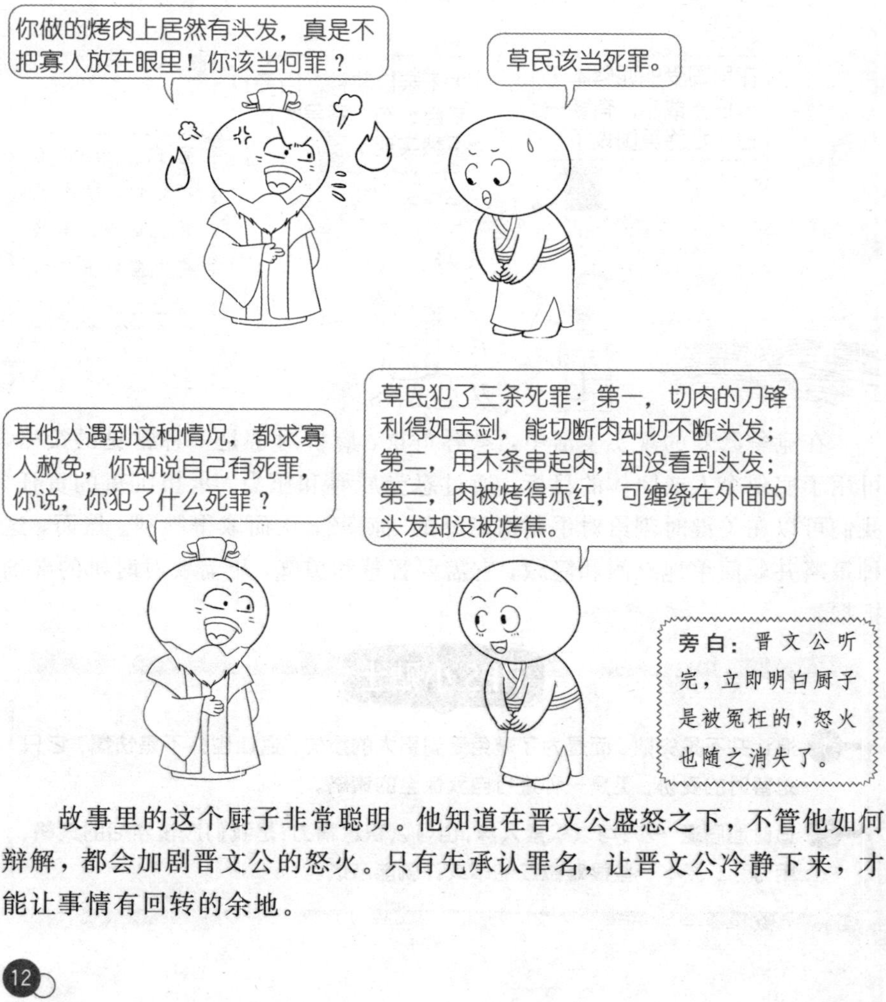
你做的烤肉上居然有头发，真是不把寡人放在眼里！你该当何罪？
草民该当死罪。
其他人遇到这种情况，都求寡人赦免，你却说自己有死罪，你说，你犯了什么死罪？
草民犯了三条死罪：第一，切肉的刀锋利得如宝剑，能切断肉却切不断头发；第二，用木条串起肉，却没看到头发；第三，肉被烤得赤红，可缠绕在外面的头发却没被烤焦。
旁白：晋文公听完，立即明白厨子是被冤枉的，怒火也随之消失了。

故事里的这个厨子非常聪明。他知道在晋文公盛怒之下，不管他如何辩解，都会加剧晋文公的怒火。只有先承认罪名，让晋文公冷静下来，才能让事情有回转的余地。

2. 陈轸先入为主消疑虑

战国时期，秦惠王手下有两位重量级的门客，分别是陈轸和张仪。这天，陈轸来觐见秦惠王。

听人说，你最近打算投奔楚国，有这回事吗？
没错，我打算去楚国
旁白：秦惠王勃然大怒，打算要教训一下陈轸。

看来张仪说得没错，你果然对秦国起了二心。
大王，请听我一言，如果我对秦国有二心，那楚王敢信任我吗？难道他就不担心我会对楚国有二心吗？而且，我在秦国有大王赏识，有家室，我何苦要为楚国做事呢？
旁白：秦惠王听完后打消了顾虑，从此更加器重陈轸。

陈轸用自己的聪明才智为自己夺得了生机，并且还使秦惠王更加器重他，这其中就有他的变通之道。他正是用先入为主的方法，让秦惠王冷静下来，然后逐句推翻他的错误判断。

TIPS 小贴士

1. 越是危急时刻，越要保持冷静。与其让别人给自己泼脏水，不如自己先承担下来，然后用逻辑去推翻它。
2. 不要等问题变得更加复杂，而要立即采取行动。快速反应可以帮助你抢占先机，掌握主动权。

暗亏难防，拐个弯儿反击

面对挑衅，直接反击可能会引发更多的争端和冲突。而“拐个弯儿反击”可以帮我们巧妙地化解对方的攻击，同时让对方意识到自己的错误和无理取闹。这需要我们具备较强的逻辑思维能力和应变能力，能够灵活应对各种情况。

1. 顺着对方的意思回应

春秋时期，齐国大夫晏子奉命出使楚国。

大人，请吧！
出使狗国才走狗洞，我今天出使楚国，不应该从这里进。

旁白：迎接晏子的人闻言，脸色顿时苍白，立刻带他从大门进入。没想到楚王设宴招待他时，又命人将一个被五花大绑的人带了上来。

他是齐国人，犯了偷窃罪，我真是纳闷，齐国人是不是本性就善偷？
橘生淮南则为橘，生于淮北则为枳。齐人在齐国不偷不抢，到了楚国却开始偷盗，看来是楚国的水土不好啊。

旁白：晏子的机智应对让楚王也无话可说，哈哈大笑着调侃自己自讨没趣。

面对对方的故意刁难，我们要冷静地分析对方的话语和行为，寻找其中的逻辑或事实上的错误、漏洞。然后巧妙地利用对方的话语或观点来反击，使其自相矛盾或无法自圆其说。这种方式既避免了直接冲突，又能够有力地回击对方，使对方无法继续挑衅。

2. 灵活运用“谐音梗”

侍郎甲和尚书乙向来不和，某次两人在饭席上相遇，席间突然冲出一只狗。

这狗叫得这么凶，是狼是狗呀？
是狼(侍郎)是狗！是狼(侍郎)是狗！
汪！汪！
旁白：侍郎甲听了之后没有生气，稍加思索便有了对策。

尚书大人，这你就不懂了吧，你得看尾巴，这尾巴下拖是狼，上竖是狗。
上竖(尚书)是狗！上竖(尚书)是狗！
旁白：尚书乙尴尬得脸都白了，只能灰溜溜地低头吃菜。

利用词语的谐音或双关意义，我们可以以幽默或讽刺的方式表达自己的观点，让对方在轻松的氛围中认识到自己的错误或不当之处。运用这种技巧需要思维灵活，并对语言和文化有深入的了解。

TIPS 小贴士

1. 在反击时，我们要以事实为依据，用客观公正的态度去阐述问题。通过列举事实、数据和案例等，来证明对方观点中的错误和漏洞。
2. 在使用谐音或双关意义进行回击时，可以利用周围的环境，选择恰当的词语，使反驳更具幽默感和讽刺意味。

常“回头”看看不是坏事

中国的先贤孔子曾说“吾日三省吾身”，古希腊伟大的哲学家苏格拉底也说过“认识你自己”。一个具备自我反省能力的人，能够从过往悟出失败的教训和根源，并全力以赴去改变，进而实现自己的人生愿望。

1. 自我反省，避免不可挽回的过错

唐太宗时期，大将军党仁弘因贪污被大理寺判处死刑。

党仁弘骁勇善战，是不可多得的人才，朕特赦免其死罪，改为流放边疆。
陛下，天子犯法，尚与庶民同罪！

旁白： 这件事后，李世民越想越觉得不安。

国家法律，皇帝应当带头践行，朕却以私心乱国法，实在是失信于民。
陛下英明！

旁白： 皇帝说完后，马上下了一道“罪己诏”，反省了自己在这件事中的过错。

虽然没有人希望自己在生活或工作中经常出错，但是我们也知道人无完人，出现错误是难免的。是否具备自我反省的精神，决定了你能不能真正地认识到自己所犯的错误，能不能及时改正自己所犯的错误。

2. 自我反省，获得意外之喜

廉颇不满蔺相如的官职在自己之上，意欲羞辱他，蔺相如得知后处处躲避。

您连秦王都不怕，为何对廉将军退避三舍呢？
两虎相斗，必有一伤，我与廉颇无论哪一方受伤，受损的都是赵国。我之所以这样忍让，只是将国家的危难放在前面，而将个人私怨搁在后面罢了。

旁白：蔺相如的一席话传到了廉颇那里，他随后脱去上衣，背着荆棘，上门向蔺相如请罪。

我是粗野卑贱的人，想不到上卿的胸怀如此宽广啊！
廉将军快快请起！

旁白：二人和好，成了生死与共的好友。

自省能够使人保持谦虚的态度，提升个人的品格，从而让人活得更加轻松自在。如果能够在自省之后及时采取行动来弥补自己的过错或不足，还有可能会收获意外之喜，比如一个志同道合的好友。

TIPS 小贴士

1. 人需要自律自省，只有腾出足够的时间去反思，才能让自己变得更优秀、更出色。
2. 要经常回头审视自己的为人处世。时常检查自己的性格特征、言谈举止和对待困难的态度，能够使自己更加清醒和理智。
3. 常“回头”看看就是要经常反省自己的错误，主动吸取经验教训，以便更好地完善自己。

第二章 谋事在人，人随势变

明哲保身，避免纷争

明哲保身可以避免卷入不必要的纷争和矛盾，降低自身受到伤害的风险。在面对不确定性和变化时，如果我们能做到保持冷静，远离是非旋涡，就能更好地应对外部环境的变化。

1.看清局势，舍小保大

唐朝年间，姚崇、张柬之等大臣逼迫武则天退位，还位于唐中宗李显。但李显却并非大臣们期待的明君，他放过了武三思等奸臣，而且大小事宜皆听从韦皇后的意见。

我想起以前曾侍奉先主武则天，而如今却逼迫她退位，我真是个不忠不义的人啊。
我们政变成功了，现在正是该高兴的时候，你在这里痛哭流涕，皇上会不高兴的。
旁白：后来，姚崇被外放，唐睿宗时，才被征召回京。

姚崇，当年你为何要在大家都高兴的时候，哭诉武后呢？明明知道中宗会不高兴的。
当时我看出了中宗昏庸，韦后和武三思未除，必将逐渐专权。随着宫廷争斗的升级，功臣被陷害诛杀是早晚的事，所以臣就独哭武后。
旁白：众人听后，都称赞姚崇谋略过人。

我们在处理问题时，应学会从大局出发，分辨主次，明确自己的目标和方向。这样才能更好地应对各种挑战，确保我们在追求卓越的道路上稳步前行。同时，这也要求我们在面对诱惑和困境时，要有坚定的信念，不因一时的得失而迷失方向。

2. 暂时妥协，长远谋划

吕太后替还是婴儿的刘恭临朝主持朝政，为巩固统治，她打算封娘家侄儿为诸侯王。当时陈平任左丞相，王陵做右丞相，王陵位在陈平之上。于是吕后征询他们的意见。

高帝(刘邦谥号)在世时，和大臣立下盟约："非刘氏而王，天下共击之。"现立姓吕的人为王，违背高帝的盟约。

旁白：吕后不高兴，假意提拔王陵做少帝的老师，实则夺去了他的相权。

高帝平定天下，分封刘姓子弟为王，现在太后临朝，分封吕姓子弟为王也没什么不可以。

旁白：吕后十分高兴，提升陈平为右丞相。陈平明白在当时的情况下根本不可能阻止吕后封诸吕为王，只有保住自己的官职，才能和诸吕进行长期斗争。

身处困境或矛盾中，我们可以采取权宜之计，先暂时退让或妥协，以换取更长时间的平稳发展或等待更好的时机。这种策略要求我们有宽广的胸怀和远大的目光，能看到问题的全局和未来，而不仅仅局限于眼前的利益和矛盾。

TIPS 小贴士

1. 处理问题时要保持灵活性，随时根据局势的变化调整策略。有时候，为了解决更大的问题，我们可能需要在小问题上做出一些妥协或者退让。
2. 妥协不应该是无原则的退让，要明确自己的长远目标和原则。
3. 在做出妥协之前，要仔细评估自己的决定所带来的影响，以不误自己的长远规划。

知己知彼，局势为上

了解对方的情况，包括实力、意图、策略等，能够帮助我们更好地预测对方的行为，制定相应的应对措施。局势为上，则意味着我们要敏锐地洞察时局，把握大局。

1. 从对方的心理下手

燕国幼主即位，国家内政正处于混乱之中，齐国趁火打劫，攻下了燕国10座城池。苏秦自愿替燕国出使齐国，讨要城池。

大王，您可知燕国和秦国是什么关系？
小小燕国，和强秦能有什么关系？

当今燕王之后，是秦国公主，公主在，秦燕两国就是盟国。如今你抢了燕国的城池，岂不是给了强秦一个攻打你的机会吗？待燕国内政稳定，两国共同攻打齐国，到时大王可就腹背受敌了啊！
旁白：齐王面露恐惧，连忙派人写好和书，送还城池。

在与齐王的谈判中，苏秦充分利用了齐王舍小保大的心理。从利用秦国之威恐吓齐王，到诱导齐王主动退还燕国10座城，苏秦通过感知齐王的心理变化，不断调整谈判技巧。

2. 引导对方的行事逻辑

楚国攻打韩国，韩国派使者向周王求助，请求借粮草来渡过难关。周王不愿意答应，却又不好拒绝，因此苏代请求前往韩国协商。

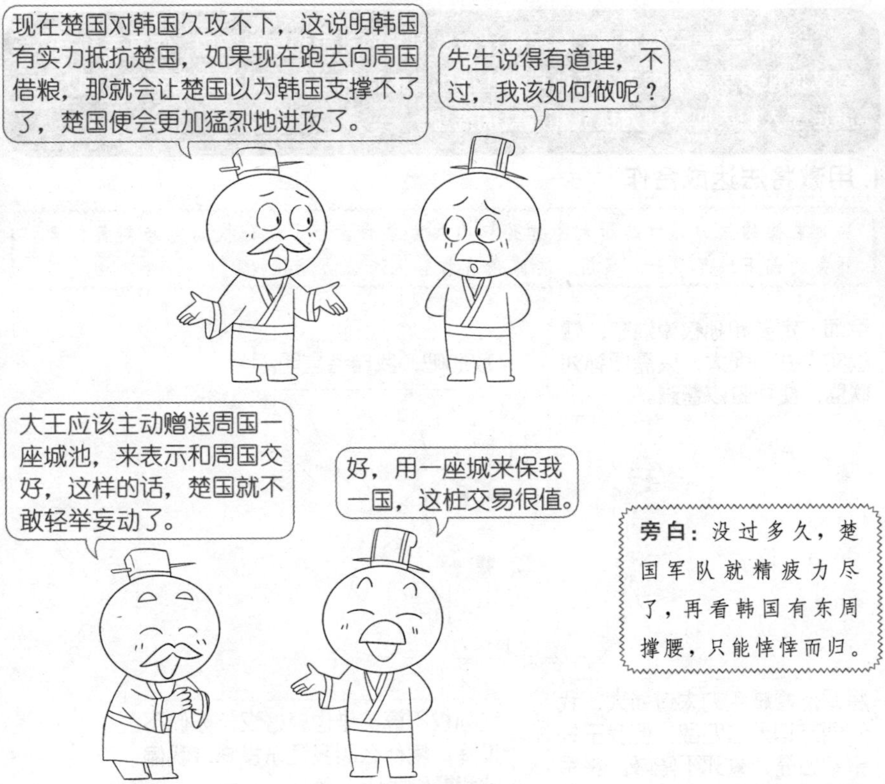

现在楚国对韩国久攻不下，这说明韩国有实力抵抗楚国，如果现在跑去向周国借粮，那就会让楚国以为韩国支撑不了了，楚国便会更加猛烈地进攻了。
先生说得有道理，不过，我该如何做呢？
大王应该主动赠送周国一座城池，来表示和周国交好，这样的话，楚国就不敢轻举妄动了。
好，用一座城来保我一国，这桩交易很值。
旁白：没过多久，楚国军队就精疲力尽了，再看韩国有东周撑腰，只能悻悻而归。

与其说苏代谈判技巧高超，不如说他摸清了楚国和韩国对战的逻辑。一旦掌握了战争的底层逻辑，那么预测战争局势变化也就易如反掌了。苏代恰恰是看明白了这一点，才能有理有据地说服韩王。

TIPS 小贴士

1. 在谈判前，要了解对方的敏感点或担忧点，确定哪些是对方的核心利益，然后从这个角度入手。
2. 在提出观点时，确保论据是基于事实且符合逻辑的，以增强你的观点的说服力，并使对方更愿意接受你的说辞。

请将不如激将

“激将法”是一种策略，意在通过激发对方的斗志和竞争欲望，使其主动投入到某项任务或竞争中去。这种方法往往比直接请求或命令对方更为有效，因为它满足了人们内心深处对挑战和成就的渴望。

1. 用激将法达成合作

当时曹操的兵力远远超过刘备和孙权的兵力总数，为了让孙权同意与刘备结盟，刘备的部下绞尽脑汁，最后，诸葛亮请求前往江东劝说孙权。

军师一定要和孙权说清楚，曹贼实力并不强大，只需要孙刘联盟，便可打败曹贼。
放心吧，我自会言明。

将军，曹贼实力太过强大，我们两方均无法匹敌。但我王是皇室后裔，誓死不能降。将军却可以投降，保全性命。
我孙权不算英雄也算好汉，你们不投降，凭什么叫我江东投降，我偏要和曹贼争上一争。
旁白：孙权痛快地答应了与刘备结成联盟，两方联手打败了曹操的大军，此战奠定了三国鼎立的基础。

激将法可以通过提出具有挑战性的目标或愿景来激发对方的积极性。明确表达共同合作能够达成的高远目标，激励对方为实现这一目标而努力，这样的激将法能够激发对方的雄心壮志，促使其投入更多的精力和资源来实现合作。

2. 用激将法激发斗志

曹操手下大将张郃进攻葭萌关，刘备召集众人紧急商讨对策。
对付张郃这样的大将，只有张飞去才可以。
军师太小看人了，我黄忠愿意取张郃首级献于主公帐下！
旁白：诸葛亮自然知道黄忠的实力，但仍旧继续激他。
你虽然很勇敢，但年纪太大了，恐怕不是张郃的对手。
我虽然老了，但两臂能开三石之弓，浑身还有千斤之力。
旁白：黄忠带着严颜先打败张郃，又夺取了天荡山，大获全胜。

在实施激将法时，我们需要把握好时机和方式，恰到好处地刺激对方，同时也要给予对方足够的尊重和认可，避免过度刺激导致对方产生逆反心理。激将法能激发斗志，提高对方的积极性和主动性。

TIPS小贴士

1. 首先要了解对方的心理和个性，人都是不愿承认自己能力不足的，我们可以利用反面提议，来“激怒”对方往相反的轨道上前进，从而达到我们的目的。
2. 提出适度的挑战，既要足够刺激对方的斗志，又不能过于冒犯或引起对方的反感。挑战可以是直接的，比如提出一个难题；也可以是间接的，比如暗示对方的能力欠缺等。

安定人心，提振士气

对于领导来说，只会分配工作是远远不够的，还需要能够及时发现员工的问题，在必要的时候给予员工足够的心理安慰和情绪安抚。如果做不到这一点，那么你的团队将会缺乏生机和活力。

1. 学会奖励“差生”

刘邦统一天下后，尚未封赏全部功臣，人心不定。

如今这些文臣武将整日担忧，还整天在一起密谋，这样下去，对社稷发展可不好啊。
我可以为陛下想个办法，不如就先封赏雍齿吧，他此前与陛下有仇怨，如果连他都有封赏，一定可以让其他大臣放下心来，不再担忧。

连雍齿这样曾经和陛下作对的人，都有封赏，那我们肯定也会得到陛下的封赏的。
是啊，是啊！
对，我们再耐心等一等。

刘邦仅用一个雍齿，就让其他官员安定下来，这说明领导的态度对于员工来说是十分重要的。如果领导对于某个员工太过苛刻，那么就可能会给其他员工带来威慑，进而引发员工人人自危的情绪。因此，一个有智慧的领导，应该对所有员工一视同仁。

2. 给予精神鼓励

北宋时期，大将狄青奉命出征。面对实力强大的敌人，士兵们普遍怯战，士气低落，这时，狄青想到了一个方法来提高士气。

听说这家寺庙非常灵验，我们也来用铜币测一测此次战争的吉凶吧。
这钱币有正反面，听说只要掷出的硬币是正面朝上，那么所求之事一定会成功，将军快来试一试。
旁白：狄青掷了100枚钱币，都是正面朝上，这下军队上下士气大涨，对战时也更勇猛，最终取得了这场战争的胜利。

狄将军上次去寺庙掷了100钱，都是正面朝上，如今看来，那家寺庙确实很灵验。
鬼神之说，不过是我为了鼓舞士气假借的名义罢了。

在团队或组织中，领导者应该通过给予精神鼓励来激发成员的积极性和动力，让他们对未来充满期待。这种期待可以激发成员的内在潜能，使他们更加努力地工作和追求卓越。

TIPS 小贴士

1. 建立良好的沟通、激励机制，营造好的团队氛围，让每个团队成员都能感受到自己的价值和重要性。
2. 通过团队活动、培训、分享工作经验等方式激励团队，能够增强团队成员之间的凝聚力，使他们更愿意为团队的目标努力。

软硬兼施，摸透对方想法

在处理人际关系或谈判问题时，采取灵活多样的手段，结合刚柔并济的方法，能够帮助我们达到自己的目的。这种策略要求我们善于观察和分析对方的行为和言辞，了解他们的需求和底线，从而更好地把握谈判或交往的主动权。

1. 分析利弊，直击痛点

张唐拒绝去燕国为相，12岁的甘罗自告奋勇去劝说他。

当年武安君白起就因为不服从应侯范雎的命令去攻打赵国，被应侯撵出咸阳，死在杜邮。现在文信侯的权力比应侯大得多，你违抗他的命令，看来你的死期不远了！
我……这就动身。
旁白：甘罗又征得吕不韦的同意，按照秦国扩大河间郡的意图到赵国去进行游说。

秦燕联盟，无非是想占赵国的河间之地，您如果把河间5城割让给秦国，我可以回去劝秦王取消张唐的任命，断绝和燕国的联盟。到那时你们攻打燕国，秦国绝不干涉，赵国所得又岂止5城！
旁白：赵王大喜，忙把河间5城的地图、户籍交给甘罗。甘罗满载而归，秦国不费一兵一卒就得到了河间之地。

在与赵国谈判期间，甘罗以高超的辩论技巧向赵王陈明利害关系，从而使秦国兵不血刃地获得了5座城池。这说明甘罗具有敏锐的洞察力，能够准确把握时局和各种利害关系。他善于分析问题，从中找到最佳解决方案，为国家谋取最大的利益。

2. 握紧筹码，交换利益

张仪刚到秦国，很多大臣都看不起他，认为此人行为放浪，无德无才。张仪决心以一己之力破坏齐楚联盟，来证明自己的才能。

大王后宫尽是庸脂俗粉，真是让张仪无法欣赏。
张子这么说，是有佳人要献给本王吗？

佳人有，但是需要大王断绝和齐国的联盟。只要大王断绝齐楚之盟，商於之地六百里，秦国之女，自当双手奉上。
好，这可是张子亲口答应寡人的，寡人这就着人去办。

旁白： 楚王派人到齐国大骂齐王，断绝了齐楚盟约。然而他派人到秦国讨要商於之地时，张仪却翻了脸，原来张仪答应的封地只是商於一个叫“六百里”的六里小村。

张仪巧妙地利用各国之间的矛盾，进行了一系列的外交斗争。在与楚国的较量中，张仪以商於之地为筹码，成功地说服楚王断绝齐楚联盟。此举不仅使秦国避免了一场战争，还扩大了国土面积。

TIPS 小贴士

1. 提出观点时，要清晰地分析利弊，并提供具体的解决方案。不仅要强调采纳你的观点所带来的好处，还要指出不这样做可能带来的风险，以增加说服力。
2. 在提出观点时，要确保你的提议对双方都有利。要明确指出对方将从合作中获得的好处，以增大谈判成功的概率。

适时隐退，识时务者为俊杰

适时隐退，意味着我们能够在复杂的局势中，准确地把握住时机，避免不必要的冲突和损失。同时，这也是一种远见，是对未来的深思熟虑。在我国历史上，许多英雄豪杰都懂得把握时机，适时隐退，从而在风云变幻的历史长河中，留下浓墨重彩的一笔。

1. 保持机敏，巅峰谢幕

旁白：回到越国后的勾践，使用挑拨离间计、美色计等策略使吴国逐渐衰落直至被越国打败，这背后离不开他的两位谋臣，即范蠡、文种。

大王终于打败了吴国，这下你我二人总算熬出头了。
你我饱读诗书，都该明白福祸相依的道理，还是不要接受大王的封赏，早日归隐家乡吧。

大王，范蠡此生别无他求，只希望将来文种如果犯了错，大王能够念及我二人今日之功饶他一命。
你二人于我而言，都是功臣，我自会好好相待。

旁白：范蠡离开后，文种一人独掌大权，没过多久，就被人陷害致死。

范蠡与文种面对名利所表现出的两种截然不同的态度，导致了他们不同的结局。范蠡早已认清勾践的狠心与坚毅，所以他不会信任任何人，包括自己曾经并肩作战的队友。文种没有认识到这一点，才落得凄凉的下场。

2. 摆正位置，谨慎行事

朱元璋登基后，给几个功臣封的官职都不大，但又怕他们心有不甘，便在御花园宴请两名官员。

好兄弟，你我可是生死之交啊，可我却没封你个大官，要不来我皇宫里做一品侍卫怎么样？
皇上可别这么说，能够给我一个小官当当，我就很满意啦，皇上还知道我爱喝酒，特地请我喝酒，嘿嘿。

兄弟啊，你为我打江山做了不少事，我封你个大官当，怎么样？
真的吗？太谢谢皇上了。

旁白：朱元璋封他做了大官，可没过几年就寻了个理由将他流放了。

朱元璋是一位典型的白手起家的皇帝，谋虑远远超过常人。第一个臣子把自己放在了臣的位置上，不再接受更多封赏，得到了朱元璋的肯定。第二个臣子则将自己摆在了功臣的位置上，他接受了封赏这件事，就已经让朱元璋不满了。

TIPS 小贴士

1. 要不断地观察外部环境和内部条件的变化，在发现其对自己不利时，要及时退让，以保全自己。
2. 在接受上级的好意之前要谨慎考虑。保持谦逊，谨慎行事是保证自己远离纷争的好方法。同时，要把重心放在提高自身的能力上。

第三章 凡益之道，与时偕行

骄兵必败，不击自溃

在竞争中，我们应该保持谦逊和谨慎的态度，不要轻易让对方看出自己的优势和实力。有时，让对方先陶醉一会儿，也是一种策略。

1. 隔岸观火，给对方他想要的

春秋时期，郑庄公的弟弟共叔段扩建自己封地的城墙，超过制度规定。
王上，京邑城墙长度与分封规定不合，以后势必会威胁到您！
没事，多做不义之事，必定会自己垮台，你等着看吧。
旁白：此后，共叔段又多次提出无理要求，郑庄公一一照办。共叔段自以为羽翼丰满，于是招兵买马，发动叛乱。
刁民，你们胆敢不听我的命令？！
王上待你不薄，你却想要夺他的王位。像你这种于国不义、于兄不亲的人，凭什么让我们听你的？
旁白：郑庄公见共叔段失去民心，时机成熟，派兵镇压。共叔段仓皇出逃，最终自杀。

共叔段以为自己的势力足以盖过郑庄公，因此他提了很多无理的要求。然而作为王位继承人，名声是很重要的。尽管共叔段有能力、有势力，但他名声败坏、不得民心，所以也就无法与郑庄公为敌了。

2.“轻敌”是走向失败的第一步

秦国和赵国在长平打仗，秦国将领是白起，赵国将领是老将廉颇。两方实力相当，战争局面僵持不下。而后，秦王派人在赵国大肆宣扬赵括有虎将的风范。赵王听信谗言，用年轻的赵括代替廉颇成为将领。

我虽然没有带兵经验，但我饱读军书，运筹帷幄，定能赢了你这个野蛮人。
……

旁白：起初的几场战役，白起都故意输给赵括，让赵括越发自信，甚至带兵追击败退的秦军，不料白起在途中设下埋伏，包围了40万赵军。

两军交战，胜败乃兵家常事，大不了我投降。不杀降军，是交战原则，你可不要忘了。
黄毛小儿，纸上谈兵矣。

旁白：赵括万万没有想到，白起竟然不按套路出牌。赵军投降后，白起不仅没有放赵军回国，反而活埋了40万赵军。这使得赵国的实力迅速被削弱，再也没有能力与强秦抗衡。

在许多情况下，人们往往会因为过度自信或对对手能力估计不足而轻视对手，这种心态容易让人疏忽大意，进而产生严重的后果。我们应该时刻保持谨慎、敬畏和尊重对手的心态，充分了解和分析对手的实力与策略，以便更好地应对挑战，取得成功。

TIPS 小贴士

1. 利用“钓鱼式策略”或“诱敌深入”，即在竞争中先表现出一定的弱点或让步，以吸引对方沉浸其中，然后在对方过于自信或放松警惕时发动攻击，从而提高成功率。
2. 在竞争之前，要尽可能地收集关于对手的信息，包括能力、策略、优势和弱点。这样可以帮助你更准确地评估对手的实力。在竞争阶段也要保持谨慎和小心，避免轻敌。

事预则立，不预则废

我们在做任何事情之前，都应该先制订详细的计划，并且预测可能出现的问题和挑战，从而提前做好准备。这样不仅可以避免很多不必要的错误和失败，而且可以让我们更加高效地完成任务，达到预期的目标。

1. 瓮中捉鳖，提前做好准备

县令甲所在的县城有两个江洋大盗，百姓不堪其扰，多次上书请求严惩。县令于是命人放出自己府上有金子的消息。大盗听说后，公然来到县令府上抢劫。

快把你的钱都交出来，我们今天带不走5000金，你的脑袋就要落地！
好汉手下留情，我没有那么多钱，不过我可以借一些钱来，容我写一封信，向当地的富商借些钱。

旁白：县令写完信后，便命人去准备酒肉。两个大盗见状，以为他是贪生怕死之辈，因此放松警惕，放下刀坐了下来。酒酣之时，富商带着金银来到县令府上。

哈哈，没想到小小县令还真拿得出5000金，我二人也不白跑这一趟！
这次你们肯定不会白来的，众将听令，缉拿盗贼！

旁白：县令的话音刚落，提前埋伏好和假扮富商的武士便一拥而上，三下五除二地将两名大盗拿下了。

当面对一项任务或挑战时，我们如果能够提前做好准备，就能更好地了解任务的要求和目标，以及预测可能出现的困难和问题。这样，我们就可以提前制订详细的计划和策略，有针对性地进行工作，避免盲目行动和无效的努力。

2. 急流勇退，远离是非旋涡

太平天国起义被镇压之后，曾国藩因作战有功被封侯。但是他却为自己统领的军队感到担忧。

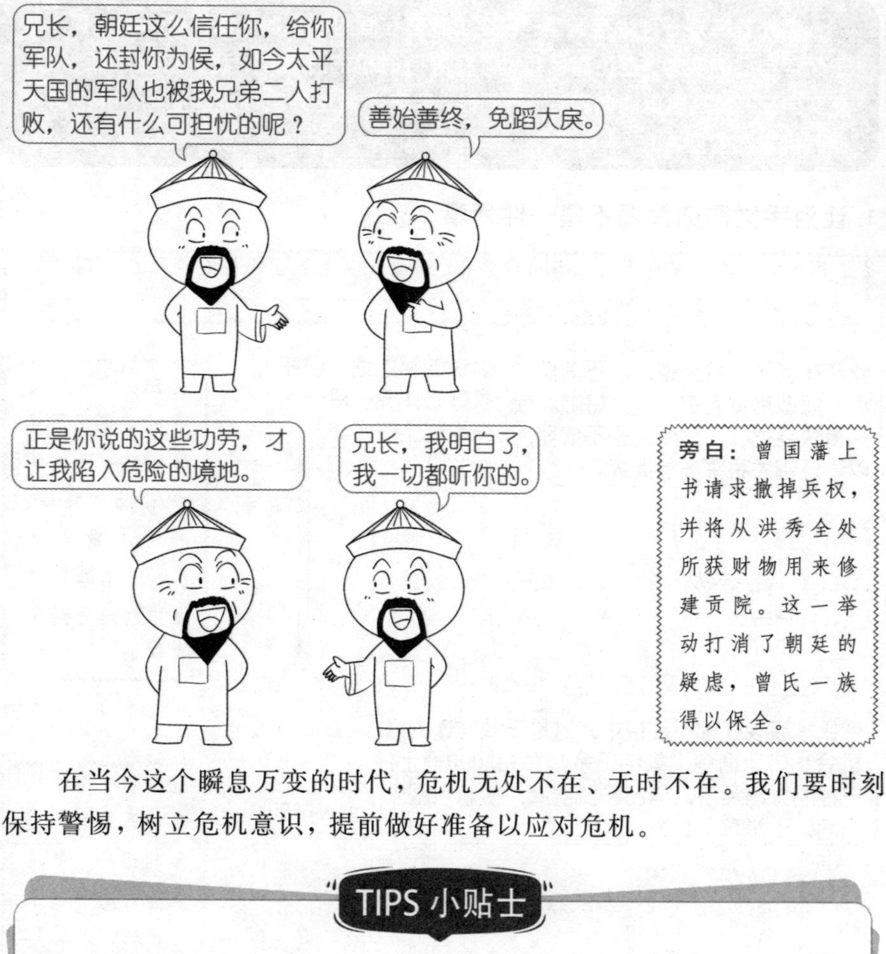
兄长，朝廷这么信任你，给你军队，还封你为侯，如今太平天国的军队也被我兄弟二人打败，还有什么可担忧的呢？
善始善终，免蹈大戾。
正是你说的这些功劳，才让我陷入危险的境地。
兄长，我明白了，我一切都听你的。
旁白：曾国藩上书请求撤掉兵权，并将从洪秀全处所获财物用来修建贡院。这一举动打消了朝廷的疑虑，曾氏一族得以保全。

在当今这个瞬息万变的时代，危机无处不在、无时不在。我们要时刻保持警惕，树立危机意识，提前做好准备以应对危机。

TIPS 小贴士

1. 提前准备好完成任务所需的工具、设备和资源，确保在开始工作时就具备所需的条件，从而快速达成自己的目标。
2. 当发现处于一个不利于自己的环境或争论中时，要敢于适时退出。这需要我们有足够的勇气和决断力，放弃一些无谓的争执，专注于自己的长远目标。

韬光养晦，等待时机

韬光养晦是一种生存智慧，它要求我们在面对困境时，要有耐心和远见，善于保存自己的实力，避免盲目行动。在等待时机的过程中，我们应该不断学习、充实自己，提高自身能力和素质。同时，要密切关注外部环境的变化，敏锐地捕捉时机来临的征兆。

1. 让对手觉得你很弱不是一件坏事

三国时，大将军曹爽等人准备出城祭祀、游猎，他走前让即将赴荆州担任刺史的李胜以拜别之名去探探司马懿的虚实。

我实在老了，耳朵聋，听不清您的话。您做荆州刺史，这太好啦。我病得快要死了，两个儿子不成器，以后还望大将军多多提拔。
您说的哪里话，您在家好好休养一段时间，病也就全好了。

旁白：司马懿的表现没有留下任何破绽，李胜回去禀报曹爽后，一行人放心外出，没想到留守城内的司马懿早有谋划。

曹氏家族现在都不在京中，这是千载难逢的好机会！传我命令，集结千余禁军和3000勇士，先控制太尉蒋济，再占领武器库，接着包围永宁宫，一举拿下！
大人英明！

旁白：一切都按照司马懿的计划顺利进行，待曹爽等人反应过来时，双方形势早已反转，司马懿大获全胜。

隐藏实力，让对手放松警惕，可以更容易了解他们的想法和行动，这有助于我们在竞争中更好地把握先机。同时，这也可以让我们在对手疏忽大意时，出其不意地展现自己的实力，赢得胜利。

2. 隐藏自己的野心

明太祖将王位传给了朱允炆。朱允炆继位后，为加强中央集权，开始大规模地实行削藩政策。

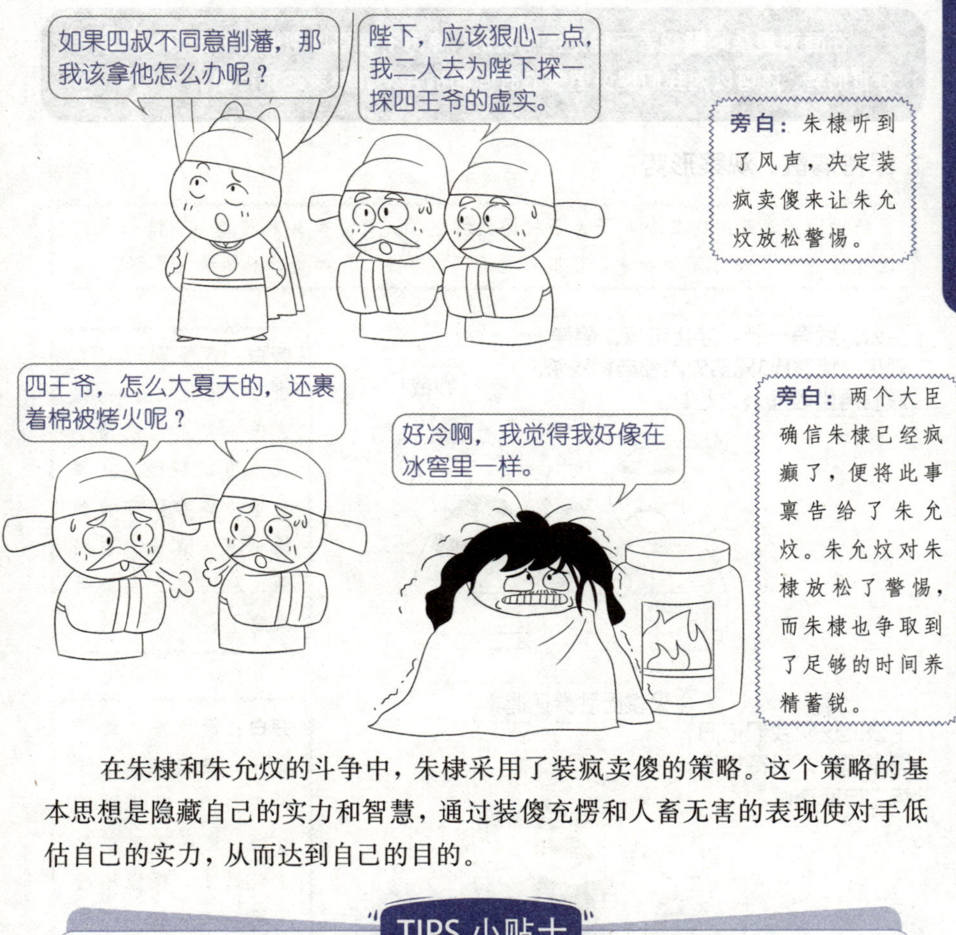
如果四叔不同意削藩，那我该拿他怎么办呢？
陛下，应该狠心一点，我二人去为陛下探一探四王爷的虚实。
旁白：朱棣听到了风声，决定装疯卖傻来让朱允炆放松警惕。
四王爷，怎么大夏天的，还裹着棉被烤火呢？
好冷啊，我觉得我好像在冰窖里一样。
旁白：两个大臣确信朱棣已经疯癫了，便将此事禀告给了朱允炆。朱允炆对朱棣放松了警惕，而朱棣也争取到了足够的时间养精蓄锐。

在朱棣和朱允炆的斗争中，朱棣采用了装疯卖傻的策略。这个策略的基本思想是隐藏自己的实力和智慧，通过装傻充愣和人畜无害的表现使对手低估自己的实力，从而达到自己的目的。

TIPS 小贴士

1. 在面对于自己不利的情况时，可以选择自我牺牲或放弃某些利益来确保自己的生存。
2. 一时之争没有用，要学着隐藏自己的才能和野心。不要过多地展示自己的实力或计划，可以通过模糊的表态或故意的失误来隐藏自己的真实意图和能力，从而保存实力，等候更好的时机。

蓄势待发，水到渠成

在面对复杂问题或者不确定的情况时，等待不仅可以帮助我们更好地观察和分析形势，还可以为我们提供更多的时间和机会来调整策略和行动。

1. 保持清醒，观察形势

袁绍去世后，袁绍的3个儿子为了权势大打出手，曹操率兵趁虚而入。谁知3人因曹操的进攻临时团结起来，黎阳久攻不下。曹操心急如焚，不知如何是好。

主公，我有一计。停止进攻，隔岸观火，让袁氏3兄弟先内部自相残杀，最后再坐收渔翁之利！
妙哉！

旁白：曹操调转兵力南下，转而攻打荆州。袁氏3兄弟很快为了权势再次翻脸。袁谭选择投奔曹操却被曹操消灭，袁尚、袁熙两兄弟则逃亡至公孙康麾下。

灭袁氏胜券在握。
主公，这次我们依旧隔岸观火，只待袁氏势力自我崩解。

旁白：曹操再次选择撤军，隔岸观火。没过多久，公孙康就将袁尚、袁熙两兄弟的首级送来，曹操不费一兵一卒就斩杀了袁尚、袁熙两兄弟。

“静待时机”是一种古老而智慧的策略，它告诉我们在面对不确定性和挑战时，要学会保持冷静和耐心，等待最佳的时机出现。

2. 做好铺垫，适时切入

康熙年间，黄河泛滥，康熙帝派四阿哥去江西筹粮。四阿哥办事得力，康熙帝欲封其为亲王，于是给其他的儿子们开会。

这次你推荐四阿哥去筹粮，识人得力，干得不错。
都是皇阿玛圣明，事也是四弟做的，我没帮什么忙

既然太子也觉得四阿哥干得不错，那封四阿哥为亲王吧，不过眼下国库亏空的事，还需要有人去办，你们当中谁愿意去办，我就封他为亲王。

旁白：康熙先用太子的话做铺垫，再以解决国库亏空封赏亲王为诱饵，但阿哥们都怕得罪人，不愿意做，自然也就不再嫉妒四阿哥获封亲王的事。

在实现目标或完成任务时，要提前做好充分的准备和铺垫，然后在关键时刻果断地采取行动。这需要我们具备前瞻性和计划性，提前预测可能出现的问题和困难，并采取相应的措施进行防范。

TIPS 小贴士

1. 在竞争中，可以等对手内部出现分裂，再采取相应的行动来进攻。记住，这种策略需要耐心和敏锐的洞察力，以及对时机的精准把握。
2. 在团队中，可以选择一个只有被奖励成员能够胜任，而其他人都不想承担的任务，并公开派给大家，从而顺理成章地给予其奖励。这种方法需要做好铺垫，才能够打消其他成员的不满。

隐藏锋芒，保全自我

在复杂多变的社会中，我们总会遇到各种各样的问题和困难。面对这些问题，有些人可能会选择锋芒毕露，勇敢面对，但这往往会让他们成为众矢之的。而学会隐藏锋芒，则能让我们更好地保护自己，从而稳扎稳打地走向成功。

1. 隐藏锋芒，避免他人嫉妒

刘备落难后投靠曹操。一日，曹操邀他饮酒，问他认为天下谁是英雄。刘备列举了很多豪杰的名字，曹操却只是摇头。

依我看，天下可以称得上是英雄的，只有你和我两人。
打雷了，好可怕！

大丈夫居然也怕打雷吗？
连圣人面对迅雷烈风也会失态，我还能不怕吗？

旁白：刘备如此示弱，曹操认为他是个胸无大志、胆小如鼠的庸人，从此便不再把他当作潜在对手。

有时候，过于显露自己的才华和优点，可能会引起他人的嫉妒和反感，甚至给自己带来不必要的麻烦。学会在适当的时候展现自己的短板和不足，不仅有助于我们赢得他人的信任和友谊，还能让我们在竞争中保持低调，避免树大招风。

2. 打消他人的疑虑

楚汉争霸时，萧何留守后方，爱民如子，在民间的口碑很好。
为何我每次派人去送粮草，沛公都要问我在长安做什么呢？
相国，论功劳、论官职，您是群臣之首，已经无法再加以封赏。而如今您的威望节节高升，难免会被怀疑有不臣之心，恐怕要大祸临头了！
旁白：萧何听后大惊，开始大肆聚敛财富，直到刘邦班师回朝。
这些都是百姓拦路送来的状纸，控告萧相国与民争利。
哎呀，把状纸交给萧何，让他自己处理吧。
旁白：此后，刘邦放下了对萧何的戒备，再也没有通过使者“慰问”他。

在某些复杂的环境中，为了打消他人的疑虑，保证自己的生命安全，有些人可能会采取自毁保命策略。他们会故意表现出一些缺点，以降低自己的威望，让他人认为自己不足为惧。这种策略为日后的韬光养晦做了铺垫。

TIPS 小贴士

1. 在与人交往时，保持谦逊的态度，不把自己看得太高，也不把别人看得太低，这样可以减少他人的嫉妒和防备。
2. 竞争中，我们可以故意制造一些假象，使对手产生误解。例如，通过宣传非核心业务或故意泄露不重要的信息，让对方误以为你的公司实力不足。然后再在对方放松警惕的情况下，突然发力，取得竞争优势。

学会从对方的心理出发

面对对立或冲突，学会从对方的心理出发是一种有效的策略。这并不意味着我们要变成对方，而是要深入理解他们的动机、需求和心态，以便我们更好地处理问题并找到解决办法。

1. 换位思考，知道对方要什么

汉初，冒顿带领匈奴南下，困刘邦于白登山，陈平买通小兵，求见冒顿最宠爱的阏氏。

久闻您的芳名，这些金银珠宝都是献给您的礼物。
哼，算你眼光不错，这些珠宝我很喜欢。等等，你手里拿的什么？
旁白：陈平将手上的美人图展开。
这幅美人图是做什么用的？
汉帝现在困于白登山，为求生路他打算把汉朝第一美女献给冒顿。当然，您若能解我们的围，我们就不献美人了，情愿给您多送点珠宝。
旁白：当天夜里，阏氏使出浑身解数，劝冒顿不要恋战，赶紧收兵。冒顿被她说动，命围兵撤开一角，放走了刘邦。

在生活中，我们每个人都有自己的需求和期望，这些需求和期望往往受到个人经历、性格、价值观等因素的影响。换位思考可以让我们设身处地地理解对方，从而更好地满足对方的需求，达成自己的目标。

2. 坦诚相待，表达理解

东汉末年，农民起义频繁。有一个叫张婴的人在广陵集结了10万兵力，与朝廷对抗，朝廷派出镇压起义的官员都被杀死了。一个叫张纲的官员前往游说。

将军是乱世英雄，我虽为朝廷官员，却自感惭愧不如。朝廷苛捐杂税颇多，致使民不聊生，将军却能救民于水火之中。
大人实乃我知己。

我张婴虽是农民起家，却也有护佑一方百姓的志向，10万将士追随我，只因受朝廷剥削久矣。
大人之志，天地可鉴，我愿替将军说和。只要你们放下兵器，解散部队，我就会保你们安乐。
旁白：次日，张婴率众投降，士兵们安然无恙，广陵地区也恢复了安宁。

与他人交流时，应该保持坦率和真诚，同时也要尊重对方的感受。我们要尽力理解对方的言辞和意图，并通过自己的语言表达出来，这可以帮助我们建立良好的人际关系，增进彼此之间的理解和信任。

TIPS 小贴士

1. 培养共情能力，从对方的角度出发，能够找到更有效的沟通和解决方案。
2. 在说服过程中，通过了解对方的价值观和利益诉求，着重强调对方所能获得的利益，使之更加诱人，从而建立更有建设性的对话和合作。

两极反转，物极必反

作为团队的领导者，经常会遇到一些危机，这个时候就需要领导者能够随机应变，运用谋略和智慧转危为安。领导者要具备正反思维，能够同时看到事物正反两方面的特点，进而做出更全面的判断。

1. 优劣转化，出其不意

三国时期，袁绍率10万大军围困曹操。当时曹操只有2万人马，且粮草仅能支撑一个月。情急之下，曹操给同乡许攸写了一封信，许攸连夜赶来为曹操出谋划策。

袁绍看似有10万兵马，粮草充足，有把握取得胜利，不过，他最大的优势，也许就是劣势。
许兄大义，曹操感激不尽。不知道，许兄有没有什么好计谋？

主公可以派一支精兵，潜入乌巢，烧了袁绍的粮草，这样他的军队人数众多却没有粮草，肯定支撑不了多久，反而会率先投降。
真是好主意！
旁白：乌巢粮草被烧，各营士卒纷纷出逃，溃不成军。

在某种程度上，优势和劣势是相对的，它们可以相互转化。拥有10万兵马的袁绍看似胜券在握，但是这10万兵马有利也有弊。10万兵马每日的粮草供应就是一项非常困难的事。如果切断他们的粮草供应，兵马越多，后果就越严重。因此，烧毁后方的粮草，对于袁绍的10万兵马来说是致命一击。

2. 欲进反退，突破困境

清朝康熙年间，太子监管的刑部出了大漏洞，康熙帝下旨彻查案件。四阿哥的谋士邬思道知道这事会牵扯到太子，于是不想让四阿哥掺和进这个案子中。

我想查办这次的案件，不知道应不应该做？
不该，这次的案件了结之时，就是太子被废之时，太子管理刑部多年，想必其中势力错杂，而皇上却绕过太子选择其他人办案，说明已经对太子失去了信任。而无论是谁扳倒了太子，都将被天下所不容，最后也不会被皇上所容。

我也愿意，让我去做吧。
我愿意处理这次的刑部大案。

旁白： 后来，四阿哥故意装病，假意将机会让给八阿哥，这样既不会让皇上觉得他逃避责任，还可以借八阿哥之手扳倒太子，同时也能将八阿哥这一竞争对手踢出局。

有时候，我们可能会发现自己在追求某个目标时进展缓慢或似乎在倒退。这并不意味着我们就一定在退步，因为有时候我们需要先退，然后才能更好地前进。

TIPS 小贴士

1. 深入分析对手在资源、技能、策略等方面的优势，找到其潜在弱点或过度依赖的方面。从这些角度入手，撼动根基，便可以将对手的优势转化为劣势。
2. 要对局势进行全面的评估，就需要了解自己的目标、优势和劣势，以及对手的意图。有时，主动放弃某些利益，可以更好地前进。
3. 锻炼自己的洞察力，以及灵活的应变能力和创新思维。

小结 变通者，与时偕行

1. 领头者要有担当，为团队的成功和失败负责。
2. 懂得示弱的人往往能够以退为进，积蓄力量，最终实现逆袭。
3. 快速反应可以帮助你抢占先机，掌握主动权。
4. 处理问题时要保持灵活性，随时根据局势的变化调整策略。
5. 提出观点时，要清晰地分析利弊，并提供具体的解决方案。
6. 要不断地观察外部环境和内部条件的变化，在发现其对自己不利时要及时退让，以保全自己。
7. 培养共情能力，从对方的角度出发，能够找到更有效的沟通和解决方案。
8. 了解自己的目标、优势和劣势，以及对手的意图。有时，主动放弃某些利益，可以更好地前进。

02 第二篇

识局者生，破局者存

生活是一本没有固定格式的书，成功的道路上没有放之四海而皆准的金科玉律。很多时候，我们应该跳出固定的思维框架，按照新的想法去尝试和探索，这往往会收获意想不到的效果。本篇结合现实生活中的案例，为您详细剖析变通的艺术，助您驾驭生活的航船，乘风破浪，驶向成功的彼岸。

第一章 打破常规，跳出思维框架

视野开阔，方能柳暗花明

在日常生活中，我们常常会因为对某事形成固定的思维模式，从而陷入思维的困境，限制自身判断力和创造力的发挥。我们应勇于尝试新方法和新思路，多接触不同的观点和看法，在实践中不断检验和修正自己的思维方式。

1. 转换思维，独辟蹊径

老A到菜市场买菜，挑了3个西红柿，摊主小B称了下："1斤，3块钱。"老A说做汤不用太多，小B于是把最大的西红柿放下了。

这些你给我2块钱吧。
哦哦，好的，麻烦给我装一下。

旁白：老A没有第一时间识破小B的圈套，愣愣地买走了两个较小的西红柿，回家反应过来后，越想越气。

这些你给我2块钱吧。
哦？是吗？那把你拿走的那个西红柿给我吧，给你1块。

旁白：老A识破了小B的圈套，后者满脸尴尬，怕被别人指责骗人，只得答应。

生活中处处隐藏着陷阱，我们要培养自己的洞察力，提高自己的敏锐度，学会调整自己的行为和思维，不要一味跟着对方的节奏走，避免让自己陷入劣势。这样，我们才能在面对陷阱时，化险为夷，破解困境。

2. 别被知识束缚了大脑

小 A 被一个问题吸引，于是分别向小 B 和小 C 寻求答案。

你好，请问一滴水从很高的地方落下来，会不会砸伤或者砸死人？
稍等一下，这个问题涉及阻力、重力、加速度等因素，我得去算一下。
旁白：小 B 用各种公式计算了好长时间，最后告诉小 A，答案是否定的。

你好，请问一滴水从很高的地方自由落体下来，会不会砸伤或者砸死人？
为什么问这种问题？难道你没有淋过雨吗？
旁白：小 C 根据生活经验快速给出了答案，小 A 恍然大悟。

在学习的过程中，我们要充分利用知识，但同时也要保持思维的灵活性。自然和生活是最优秀、最原始的老师，我们不能因为崇拜科学知识而忽视了对现实世界的体验和感受，应不断在实践中挑战自己的认知边界，验证自己的理论学习。

TIPS 小贴士

1. 遇到问题时，不要立即寻求答案，而是要先自己思考。
2. 可以通过学习逻辑学、参加辩论赛等方式，提高自己的逻辑思维能力。
3. 多与他人交流思想，分享看法，以发现自己的盲点和不足，促使自己的思维更加开阔。

看透本质，做事无往不利

只有深入了解事物的本质，我们才能在行动中做出正确的决策，使事情顺利进行。这也提醒我们在面对问题时，要善于分析、挖掘其背后的根本原因，而不是仅仅停留在表面。这样，我们才能在复杂多变的环境中把握住机遇，实现自己的目标。

1. 不直接说明自己的需求

小A在拥挤的火车上，端着一碗泡面想要回到座位上。

麻烦让一下。
这都人挤人呢，你就那么着急吗？等等吧！
旁白：大家都把小A的话当成耳旁风，依旧该干吗干吗。小A端着滚烫的泡面站在原地，手烫得通红。

大家让一让啊，我手拿不稳了，小心开水烫着。
都给他让个道啊，老人和孩子往边上站站！
旁白：大家快速给小A让出了一条道路，小A端着泡面顺利回到了自己的位置上。

有时候，只有触及其他人的利益，别人才会帮你，因为他这样也是在帮助自己。很多人就是这样，没有触及自己的利益，就“事不关己，高高挂起”，毕竟谁都不想给自己添麻烦。

2. 懂得结合他人利益

小 A 周末在一家咖啡店里处理一些工作上的问题。他突然发现自己的手机可能忘在家里了，于是寻求咖啡店的服务员小 B 的帮助。

不好意思，我的手机忘在家里了，我这边工作需要我的手机，方便给我手机打个电话吗？
不好意思，我们这边工作时不带手机。

旁白：小 A 想不到其他解决办法，在那边急得团团转。

不好意思，我的手机忘在家里了，我刚刚点的咖啡还没有结账，我身边也没有带现金，能帮忙给我手机打个电话，让我家里人送来吗？
好的，请到这边来。

旁白：小 A 顺利拿到了手机，并开始处理接下来的工作。

有时候，遇到看似复杂的问题，我们可以尝试从问题的另一面去思考，找到突破口。运用逆向思维，将其他人的利益和自己的利益结合起来，通常能够完美解决问题。

TIPS 小贴士

1. 深入了解他人的需求和期望，以便在触及他们的利益时，能够提供符合他们期望的帮助。
2. 机变处世，将自己的利益和对方的利益相结合，或许会有意想不到的效果。

挖掘角度，推陈出新

生活中的很多时候，我们会很容易被眼前的事物蒙蔽。如果能从当前的环境中脱离出来，从一个新角度去看待问题，也许就会柳暗花明。

1. 巧用思路，让自己获“益”

小 A 不小心将酒店的地毯烧了 3 个小洞。退房时，服务员说，根据酒店规定，每个洞要赔偿 100 元。

先生，根据酒店规定，每个洞要赔偿100元。
给你300！
酒店
旁白：小 A 不懂变通，直接赔了 300 元。

先生，根据酒店规定，每个洞要赔偿100元。
我把3个小洞烧成了1个大洞，给你100元。
酒店
旁白：小 A 巧用思路，换了另一种方式赔付，让服务员无话可说，只好接受。

面对问题时，不要墨守成规，要善于寻找新的解决方法。小 A 一开始直接按照酒店规定赔偿 3 个洞的费用，显得有些呆板。然而，在意识到这个问题后，他将 3 个小洞烧成 1 个大洞，使得服务员无法反驳，为他赢得了谈判的主动权。他的这种做法不值得提倡，但他的变通思维可以借鉴。

2. 花小钱，解决大麻烦

小 A 在家门前种满了花，吸引了很多小朋友，这让喜欢清静的小 A 十分苦恼。

你们能不能去别的地方玩，别在我家门口叽叽喳喳，吵死了！
就不走！就不走！

旁白：小朋友们根本不听小 A 的话，依然吵得她不得清闲。后来，小 A 告诉小朋友们每次来玩就奖励他们 1 元钱，一周后，1 元变成了 5 角。再后来，5 角又变成了 1 角。

今天是我最后一次给你们钱，下次我就没有钱给你们了，你们还会来玩吧？
不给钱还想让我们来这里玩？我们才不傻呢！

旁白：小朋友们很生气，此后再也不到这里玩，小 A 的生活终于回归清静。

奖励和报酬在一定程度上可以引导他人的行为。当遇到麻烦时，可以用高奖励让对方的行为从原来的“好玩儿”变成“赚钱”，再用“降价”的策略，使对方降低对这种行为的积极性，从而改变现状。

TIPS 小贴士

1. 遇到问题时，尝试从不同的角度思考，发挥创意，以寻找解决方案。
2. 要想让别人听从自己的意见，未必需要强行压制对方的观点。我们可以先给予他们利益，再慢慢让其觉得利益在减少，当对方觉得自己在失去利益时，就会停止自己的行为。

第二篇 识局者生，破局者存

坚持自我，铸就独特人生

在人生的道路上，每个人都有自己的信仰和追求。只有坚定信念，勇敢地追求自己的梦想，才能铸就一段独特且辉煌的人生。

1. 遵循自己的节奏

小A性格要强，事事都想要争第一。

这道题怎么又做错了？唉，我这次比小B少10分就是少在这里，唉！
旁白：小A时常在考试后这样责备自己。临近高考的时候，她突然崩溃了，手抖得不行，集中不了注意力，最后的结果当然是一塌糊涂。

这次我考得也不错，奖励自己去看个电影，下周一再继续努力！
旁白：小A一直保持着平稳的心态，考好了不骄傲，考差了也不过度难过，这让她有足够的韧性来适应状况和克服困难，最终高考超常发挥。

在这个纷繁复杂的世界里，我们每个人都是独一无二的，拥有自己独特的思考方式和生活节奏。有时，外界的喧嚣和压力可能会让我们迷失方向，忘记了自己原本的步调。然而，只有坚持自己的节奏，我们才能真正发挥出自己的潜能，找到属于自己的道路。

2. 听从内心的声音

小A去学习弹钢琴时，发现自己的手指是班里最短的。
小A，你的手指太短了，弹不了8度音，学了也是白学，还是趁早回家吧。
他说得对，我根本不是学钢琴的料。
旁白：小A哭着跑回家，说什么也不去上钢琴课了。

小A，你的手指太短了，弹不了8度音，学了也是白学，还是趁早回家吧。
我可能先天条件差一些，但是弹钢琴也不只是靠先天条件吧？
旁白：小A每天下课后加倍练习，最终成了班里钢琴弹得最好的学生。

我们每个人都有自己的优点，也有自己的不完美之处。通过完全地接纳自己，我们能够更好地听从内心的声音，找到属于自己的道路。我们不再被外界的评价和期待左右，才能坚定地走自己的路，活出真实的自己。

TIPS 小贴士

1. 不论是业余爱好还是职业选择，我们都应该选择那些真正让自己感到快乐和满足的事情。
2. 凡事不能走极端，要保持适度和相对稳定，维护相对平衡。
3. 不盲目跟风，对于外界的信息和观点，要有自己的分析和判断。

问题的解决办法不止一种

水只有流动才能不腐臭，同理，人要不断学习和思考，才能保持活力和进步，才不会停滞不前。我们要不惧挑战、勇于创新，跳出传统的思维框架，以全新的角度看待问题，去找到解决问题的新途径。

1. 借对力，更省力

由于下雨，路都被淹了，再加上不熟悉路况，小A不小心把车前轮卡到沟里，动弹不得，只得打电话向拖车公司寻求帮助。

这种情况要1000元左右。
只是从沟里拖出来，就这么贵？……行吧。

旁白：小A等了一个小时，拖车公司的人才来。小A觉得这1000元花得太冤枉了。

兄弟们，我点了10盒外卖，都是请各位吃的，麻烦大伙帮我把车推出来，完事给大伙一人一个五星好评！

旁白：小B连续点了十几份外卖。不久，这些外卖小哥一起帮小A把车推了出来。小A省了不少钱。

解决问题不止一种方法，寻求帮助也不止一种途径。借对力可以分散风险，降低单独应对困境时的压力，增加成功解决问题的概率。另外，上述做法不仅可以降低成本，减轻精力损耗，还可以拓展自己的人际交往圈。

2. 从另一个角度看待失误

小 A 和小 B 作为搭档，一同代表班级参加演讲比赛。两人为此提前准备了一个月，可谓信心满满。然而，在说结束语时，小 B 却突然忘词了。

快想啊……
呃……嗯……提醒我一下……
下 场

旁白： 两人的声音通过话筒传出去，台下传来笑声，最后两人稀里糊涂地结束了演讲。下台后，两人互相埋怨，很长一段时间都不再说话。

小B，前面你说得那么流畅，怎么最后掉链子了？你该不会是故意的吧？
哈哈，这都被你看出来了，我这个“忘”是有寓意的，寓意着我们的学校越来越“旺”，桃李满天下！也祝老师和同学们忘了烦恼，愿“望”成真！
下 场

旁白： 紧急关头，两人利用平时培养出来的默契，巧妙运用谐音梗化解了尴尬。尽管大家心中知晓，但都对他们的应变能力称赞有加，台下顿时掌声如雷。

把一件事情的缺点变成它的特点，可以帮助我们化解尴尬。在这个过程中，我们需要与团队成员配合好，平日注重训练。若将某件看似无解的问题的独特性展现出来，便能够提升大家的关注度。在这个过程中，我们还要学会从另一个角度看待问题，提高自我调适能力，以更好地应对各种困境。

TIPS 小贴士

1. 在寻求助力时，要寻求双方都能受益的合作模式，并及时给予反馈和感谢。
2. 改变自己看待事物的方式，从消极的角度转向积极的角度，挖掘其潜在价值。
3. 运用创新思维，寻找新的解决方案。

反其道而行之

反向思维，即从相反的角度思考问题，是一种极具创新性的思维方式。它能让人们在面对困境时，找到独特的解决办法。掌握反向思维，不仅有助于我们在事业上取得成功，还能让我们在日常生活中更加从容地面对各种问题。

1. 换种表达，让问题更快解决

老A的儿子小B性格叛逆，不爱写作业。一天，他看到老A在沙发上看电视。

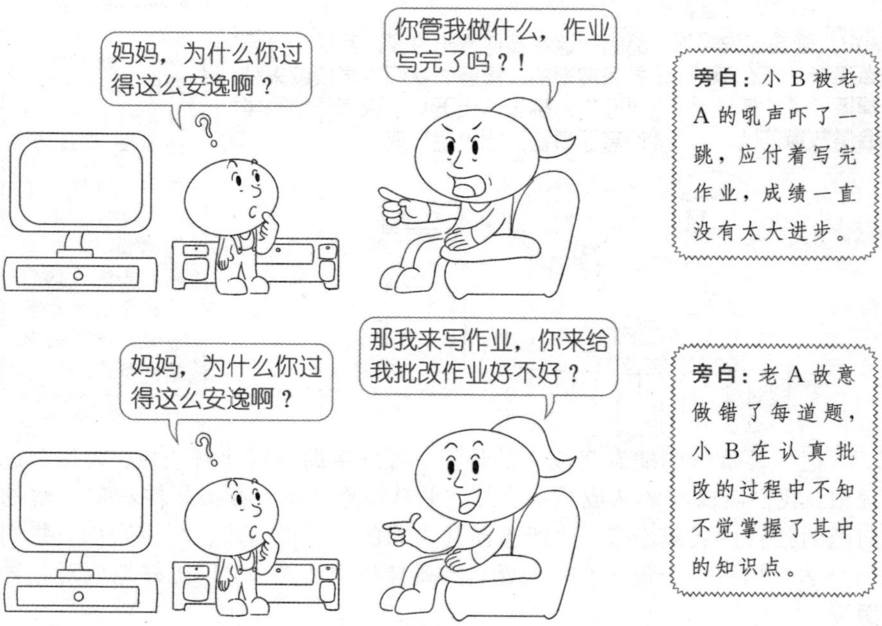
妈妈，为什么你过得这么安逸啊？
你管我做什么，作业写完了吗？！
旁白：小B被老A的吼声吓了一跳，应付着写完作业，成绩一直没有太大进步。
妈妈，为什么你过得这么安逸啊？
那我来写作业，你来给我批改作业好不好？
旁白：老A故意做错了每道题，小B在认真批改的过程中不知不觉掌握了其中的知识点。

有时候，遇到问题时，换一种思路和表达方式，可能会取得意想不到的效果。在处理问题时，要学会变通，善于运用语言和思维的力量，找准诉求点，探索更好的解决方案。

2. 考零蛋没有你想象得那么简单

小 A 学习不好，父亲老 B 很是着急。

小A，从下次考试开始，你必须保证每次都有进步，这样你才能顺利毕业。
……好吧。

旁白：因为老 B 的严格要求，小 A 在紧张的情绪下更无法专心听课了，成绩不但没有提高，反而退步了不少。

小A，从下次考试开始，你要尽力考零分，不要害怕。
那对我来说太容易了！

旁白：结果，小 A 发现考零分并不简单。为了得到想要的结果，他需要知道题目的正确答案，才能写上错误答案。此后他有了动力，不断学习，最终取得了惊人的进步。

用创造性想法鼓励而不是严厉批评，可以维护孩子的身心健康，增进亲子之间的沟通。为了达到目标，孩子会对自己的习惯和行为进行调整，这有助于他们学会自我调节，养成良好的习惯，并一步步向目标靠近。

TIPS 小贴士

1. 反向思维有助于发现解决问题的新视角，从而找到创新的解决方案。
2. 家长要探索方法来激发孩子的好奇心，让他们主动探索和解决问题。

换个方向，殊途同归

在解决问题的过程中，有时候我们可能会陷入思维的困境，反复尝试同一方法却始终无法找到答案。这时，换个方向，看似南辕北辙，实际上却可能成为解决问题的突破口。这样的转变，往往能够激发我们的创造力，帮助我们更快、更好地找到问题的解决之道。

1. 越禁止，越想尝试

小A缠着母亲老B给自己买了一架昂贵的钢琴，买来后却闲置了。

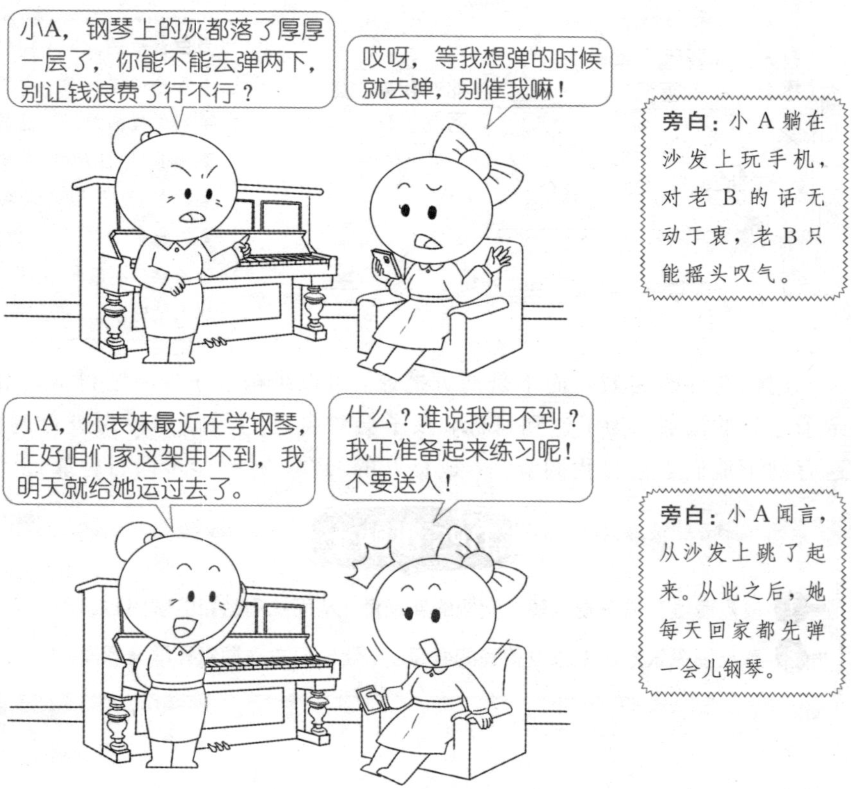
小A，钢琴上的灰都落了厚厚一层了，你能不能去弹两下，别让钱浪费了行不行？
哎呀，等我想弹的时候就去弹，别催我嘛！
旁白：小A躺在沙发上玩手机，对老B的话无动于衷，老B只能摇头叹气。
小A，你表妹最近在学钢琴，正好咱们家这架用不到，我明天就给她运过去了。
什么？谁说我用不到？我正准备起来练习呢！不要送人！
旁白：小A闻言，从沙发上跳了起来。从此之后，她每天回家都先弹一会儿钢琴。

善用“禁果效应”这一心理现象，可以有效地推动人们去关注和参与某件事情，从而达到我们自身的目的。然而，也要注意适度运用禁果效应，避免过度激发人们的逆反心理，造成不良后果。

2. 适当满足自己的欲望

小A一直对减肥有着狂热的追求，以至于采取了节食的办法，但这反而使她对食物有更大的欲望。

我已经3天没吃东西了，我要吃……我要不停地吃……

旁白：小A由于极端节食，结果导致暴食，体重一直反复变动。这样的结果让她非常崩溃，发展出了心理问题。

我平时可以均衡饮食，努力运动，到月底再奖励自己一顿美食。

旁白：小A没有采取极端的方式，对于高热量食物的渴望反而慢慢降低了，一段时间后，体重掉了不少。

有时候，当禁止事项被解除时，人们的好奇心得到满足，欲望也随之消失。因此，某些情况下，在打消自己的某种欲望前，可以先适当满足它，避免采取极端做法而产生过犹不及的效果。

TIPS 小贴士

1. 在教育孩子的过程中，适当地设置一些规则和禁忌，可以激发他们的好奇心，促使他们主动去学习和探索未知领域。
2. 追求平衡的生活方式，确保工作和休闲、健康和个人满足之间有良好的协调。

第二章 路在脚下，别让改变成为空谈

末雨绸缪，车到山前末必有路

天下没有免费的午餐，机遇总是偏爱那些有准备的人。机遇是客观存在的，并不会因人而改变。如果不做准备，只一股脑向前冲，那么当遇到问题时，就可能陷入一筹莫展的窘境，更不用奢求得到机遇的眷顾了。

1. 小事也要做好 100%的准备

小 A 想要为家人熬一锅汤，于是他邀请邻居小 B 来家里指导。

不锈钢的材质不适合煲汤，陶瓷锅熬出来的汤才美味，我去买！
菜刀太钝了，得找块磨刀石磨一磨才行，我去找！
我有一组好用的餐具，我去拿！
汤已经熬好了，你不用再跑了。

现实生活中有很多这样的人，事先没有做好充分的准备，需要的时候才临时去找，不仅费力气，还会耽误更多时间，甚至误事误人。再小的事情也有其不确定性，做好 100%的准备，后续的工作才能水到渠成。

2. 问题和办法不是同时产生的

森林里有两只狐狸正在聊天。

我真是生错年代了，每次行事之前都仔细谋划了，可还是找不到食物！
你何时开始谋划的？
这还用问，当然是肚子饿了的时候呗！
这就是问题的关键所在了。你以后制订计划，一定要趁着肚子还饱的时候，这样就会有好的结果了。

问题和办法通常不是同时产生的，等到问题出现时再去思考对策，往往已经错过了解决问题的最好时机。因此，学会防患于未然应该是每个人的生活必修课，提前做好计划和准备，之后才能够步步顺利。

TIPS 小贴士

1. 人生不是赌场，它需要我们好好经营、好好规划，而不应抱着“赌徒”心理，走一步赌一把。
2. 车到山前，有准备才有“好”路。
3. 保持对周围环境的警觉，提前储备必要的资源。提前思考可能出现的问题和挑战，并做好相应的准备，能够减少未来的困扰。

冷暖自知，绘就人生蓝图

人生是自己的，要大胆绘就自己的人生蓝图，不要被别人的规划束缚。在设计的过程中，要选择自己的路，不用在意别人的眼光，失败和挫折只是成功路上的考验。你可以成就自己的梦想，也可以创造属于自己的未来。只要你相信你自己的能力和选择，人生就会变得美好。

1. 人生下一站，自己说了算

小A在10岁时得到了一张世界地图。

父亲，地图上说埃及有金字塔、尼罗河，以后我长大了，一定要去一趟埃及！
看什么地图，你这辈子都到不了埃及那么远的地方！快去放牛！

亲爱的父亲，我现在在金字塔前，小时候你说我永远都到不了这么远的地方，而我现在正坐在这里给你写信。
旁白：20年后，小A已经成了一名成功人士，他第一次出国就选择了埃及。

人生是一次漫长而充满变数的旅程，每个人都有自己独特的生命轨迹。因此，把握自己的人生，成为自己命运的主宰，是我们每个人都应努力追求的目标。在人生的道路上，我们要勇敢地追求自己的梦想，坚定地走自己的路，这样才能无怨无悔地度过这一生。

2. 精神独立，别做“被驯化的象”

有个小朋友跟着父亲去喂马戏团的动物，这时他注意到了一旁的大象。

爸，大象那么有力气，为什么它们的脚上只系着一条小小的铁链呢？难道它们无法挣开那条铁链逃脱吗？
大象不是挣不开那条铁链，而是它们以为自己挣不开。大象还小的时候驯兽师就把铁链系在它的腿上，小象力气小挣不开铁链，于是放弃，等它们长大就甘心受那条铁链的限制，不再尝试逃脱了。
旁白：小孩似懂非懂地点点头，只觉得大象可怜。

精神独立是人生道路上不可或缺的品质，它代表了一个人在思想、情感和行为上的独立与自主。在现代社会中，我们时常面临诸多压力和挑战，很多人也渐渐失去了自我，变得麻木和冷漠。然而，如果能始终保持精神独立，我们就能拥有独立思考的能力，从而更好地面对生活中遇到的种种困难。

TIPS 小贴士

1. 明确自己的目标和价值观，坚定地走自己的路，我们才能避免迷失自己。
2. 要学会独立思考，不盲从权威和传统观念，对事物有自己的判断和见解。坚信自己有能力和价值，并不断努力超越自己，这样，我们就会不断成长，挣脱“锁链”。

行动起来，一切才有可能

行动是我们实现目标的关键因素，也是追求梦想的必要条件。若没有行动的支持，任何伟大的构想都将成为空中楼阁。勇敢地付诸实践，不再拖延、不再犹豫，我们才能在挑战中不断成长，不断积累宝贵的经验。

1. 敢想不如敢做，寻找命运突破口

小 A 家境不好，但他很喜欢游泳，细心的姐姐发现了他的爱好。

小A，这本游泳杂志给你，或许你会爱上游泳。
我真的可以吗？

旁白：在姐姐的鼓励下，小 A 对游泳变得近乎痴迷起来，他立志要做一名优秀的游泳队员。

要敢于寻找命运的突破口，敢于挑战命运。
我一定可以的！

旁白：小 A 最终将自己的理想变成了现实，成了一名游泳冠军。

在生活的道路上，我们常常会面临困境，在这种时候，我们需要迈开脚步，去寻找命运的突破口。这个突破口可能是一次勇敢的尝试，也可能是一次意外的机遇，但无论如何，它都需要我们用敏锐的洞察力去捕捉。

2. 天赋影响结果，但不会决定结果

小 A 从小就对小提琴有着超出常人的天赋，在某次比赛上，她获得了一等奖的好成绩。

小A，自从得奖后，你有多久没练琴了？
哎呀，没事儿的妈妈，你女儿我天赋异禀，不练也比别人弹得好。

旁白：小 A 过于自信，将练琴的事抛在脑后，结果在下一次参赛时错误百出，都没有进前 10 名。

小A，你刚比完赛，休息几天再练习吧！
不行，妈妈，一段时间不练就会手生的，再说这次比赛我虽然得了奖，但是中途也有失误，我得加紧练习！

旁白：小 A 没有因为一时的荣誉冲昏头脑，而是比之前更加努力地练琴。后来，小 A 在各大比赛上接连斩获荣誉，还被某知名艺术院校提前录取了。

天赋是人生的一颗明珠，它给予我们独特的起点和优势。然而，天赋并不等同于结果，结果是由我们如何利用这些天赋来决定的。尽管天赋可能影响我们的道路和速度，但我们的行动和努力才是决定最终结果的关键。

TIPS 小贴士

1. 如果你想寻找快乐，如果你想发挥潜能，如果你想获得成功，你就必须积极行动起来，全力以赴。
2. 虽然行动不一定能带来令人满意的结果，但是不采取行动就绝无满意的结果可言。

心思转换，妙解僵局

社会上经常流传这样一句话：“心思重的人不好相处。”于是与“心思”相关的词语渐渐都变成了贬义词。但是心思简单的人又容易被欺负。有时，我们不妨试试合理利用、转换自己的“小心思”，它或许能变成破解僵局的有效手段。

1. 反客为主，应对他人的唐突

小A第一次去男朋友家做客。吃完饭后，男孩的妈妈老B漫不经心地让他俩收拾碗筷，说自己要去休息。

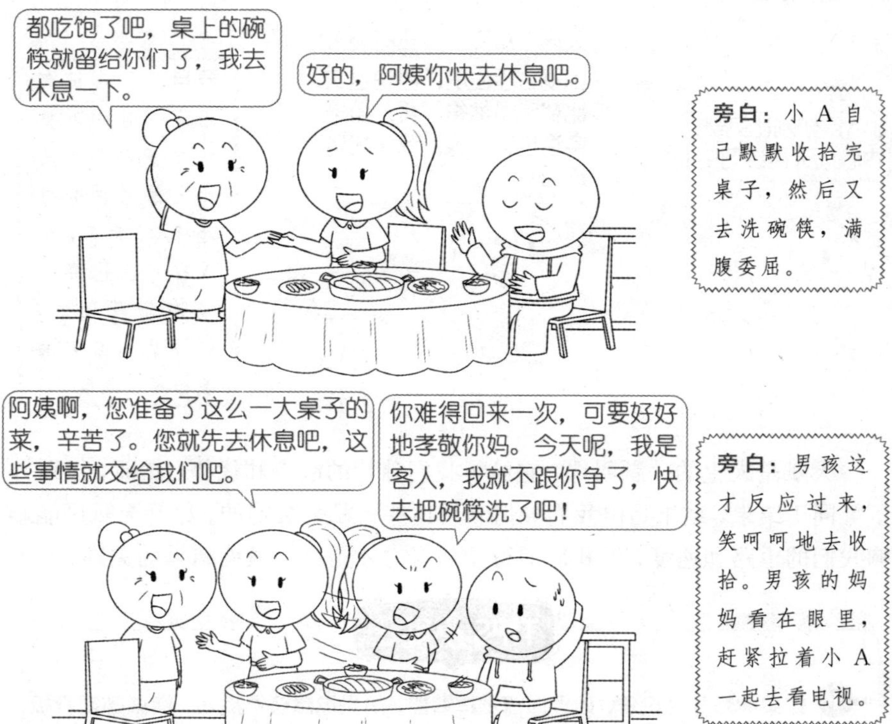
都吃饱了吧，桌上的碗筷就留给你们了，我去休息一下。
好的，阿姨你快去休息吧。
旁白：小A自己默默收拾完桌子，然后又去洗碗筷，满腹委屈。
阿姨啊，您准备了这么一大桌子的菜，辛苦了。您就先去休息吧，这些事情就交给我们吧。
你难得回来一次，可要好好地孝敬你妈。今天呢，我是客人，我就不跟你争了，快去把碗筷洗了吧！
旁白：男孩这才反应过来，笑呵呵地去收拾。男孩的妈妈看在眼里，赶紧拉着小A一起去看电视。

有时候，适当用点心思反客为主，就能让自己全身而退。虽说做人要懂得“守本分”，不要去伤害别人，但也别处处受制于人。

2. 为我所用，达成自己的目的

小 A 组织了一次同城校友聚会。聚会的时候，来了 10 多个人，大家一边喝酒一边聊天。小 A 计划借此机会扩大自己的生意。

校友们，如果大家周围有旧车要淘汰的，都找我，拜托大家了。
好说好说，以后有事情，也难免要麻烦小A呢！

旁白：小 A 的话没有引起过多关注，大家也只应付了几句。聚会之后，大家的联系仍然很少，小 A 的计划完全落空了。

同学们，我建了个群，把大伙都拉进来了，咱没事可以多联系联系！
好！

旁白：后来小 A 经常在群里活跃气氛，大家也经常聊天，小 A 顺势介绍自己的生意，成功从同学们那里拿到了新生意。

有智谋的人通常都会打“感情牌”，懂得利用人与人的感情来实现自己的目的，从而壮大自己的事业。这样的人能够发现身边人的优点，善于聚合别人的优势为自己所用。

TIPS 小贴士

1. 做人不去伤害别人，但也不要被别人伤害，多花心思其实也是保护自己的一种方法。
2. 善于利用感情牌搭建人脉，能够为自己创造新的机会。

不要小觑他人力量

在人际交往中，我们总会碰到很多麻烦的问题，要解决这些问题，有时不妨借助他人的力量。了解人心是一种至关重要的能力，它可以帮助我们更好地洞察他人的需求和动机，从而加以“利用”，以便在解决问题和冲突时更加得心应手。

1. 寻找利益相关者的帮助

小 A 住在 3 楼，邻居小 B 浇花时不注意水量，经常有水滴到小 A 家的阳台上。

小B，你能不能把花挪个位置，我刚洗的衣服又被弄脏了！
我在自己家里浇花，难道还要向你报备吗？楼下住户那么多，怎么只有你有问题！

旁白： 小 B 将小 A 的话当作耳旁风，小 A 非常生气。后来，小 B 浇花的水也滴到了 2 楼脾气不好的大爷家里。

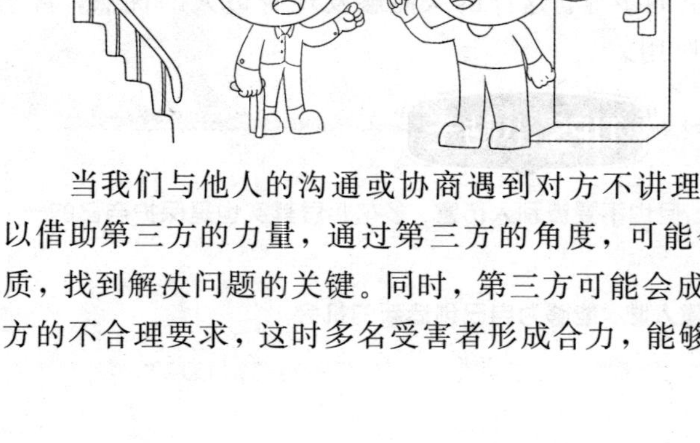
是不是你家往下滴的水我的被子被滴了好几个泥点！还有没有道德心啊？
大爷，我冤枉啊，是楼上小B在浇花，您看我的衣服也全湿了！

旁白： 小 A 和大爷一起，拿着被子去楼上找小 B。问题果然很快解决了，后续小 B 家再也没有水滴下来过。

当我们与他人的沟通或协商遇到对方不讲理的情况时，有时我们可以借助第三方的力量，通过第三方的角度，可能会更容易看清问题的本质，找到解决问题的关键。同时，第三方可能会成为受害者，被迫承受一方的不合理要求，这时多名受害者形成合力，能够推动问题的解决。

2. 寻求他人帮助

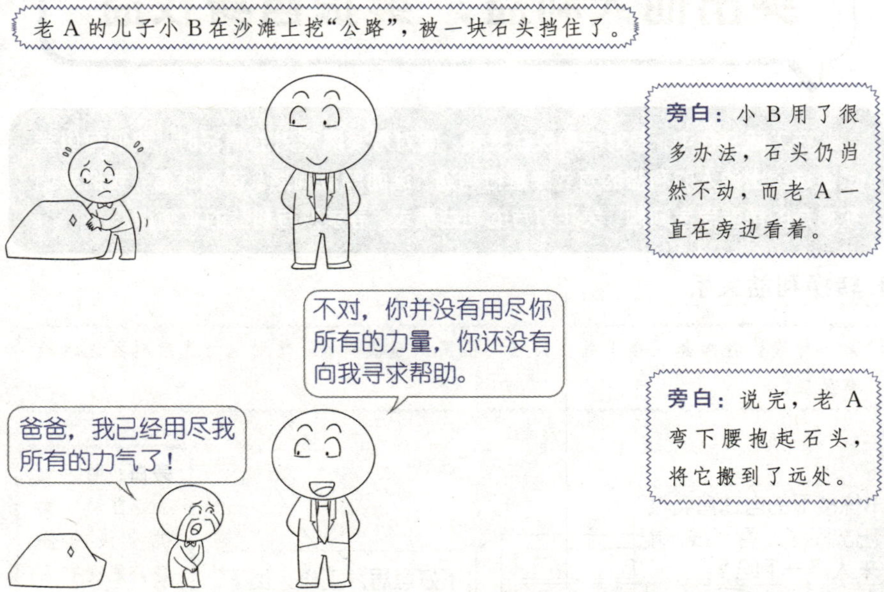
老 A 的儿子小 B 在沙滩上挖“公路”，被一块石头挡住了。
旁白：小 B 用了很多办法，石头仍岿然不动，而老 A 一直在旁边看着。
不对，你并没有用尽你所有的力量，你还没有向我寻求帮助。
爸爸，我已经用尽我所有的力气了！
旁白：说完，老 A 弯下腰抱起石头，将它搬到了远处。

善于借力，不仅体现了一个人的能力和魄力，更体现了一个人的格局和智慧。任何一个人的能力都是有限的，谁也无法做到在生活的急流中孤军奋战。闭门造车，不可能帮你扫清前进道路上的障碍。学会借助他人的力量，是我们每个人的必修课。

TIPS 小贴士

1. 当个人力量不足或因对方不讲理而难以解决问题时，我们可以寻求外部帮助，从而让霸道的一方认识到自己的错误。
2. 如果问题超出了自己的能力范围，不要犹豫，要寻求专业人士和身边人的帮助。

突出他人利益，维护自身权益

在人际交往中，面对自身权益受损，而对方漠然应对的情况时，我们可以尝试通过突出他人的利益的方式来进行沟通，进而解决问题。这意味着，我们要站在对方的角度思考问题，关注对方的利益需求，寻求双方利益的平衡点。

1. 转换利益关系

某天傍晚，小 A 想从楼下的自动售卖机买一瓶饮料，没想到他付钱后机器迟迟没有反应。

B栋楼下的自动售卖机出故障了，吞了钱，能来人修一下吗？
不好意思，工作人员下班了，只能等明天了。
旁白：两天过去，自动售卖机也没有修好，更没有人打电话联系他。而因为金额不大，小 A 也无法通过其他手段获得赔偿，只好暗叫倒霉。

听说B栋楼下的自动售卖机出故障了，不用付钱就能取饮料，赶紧找人处理一下吧。
好的，我们马上派人来维修，感谢您的提醒。
旁白：维修人员很快赶到，机器修好后，小 A 凭借支付记录拿到了自己的饮料。

当利益损失不在对方身上时，问题的解决通常就会被对方敷衍、拖延。所以有时遇到事情，可以将自己的利益损失反转到对方身上，问题就有可能被及时解决。

2. 寻找利益缺口

在一家超市，小 A 准备购买一件商品，但是小 A 发现这件商品的价格比市场价贵了很多，于是小 A 向服务员小 B 询问价格问题。

您好，这个价格标签是不是贴错了？这个产品的市场价没有这么贵的。
折扣
不会的，就是标签上的这个价格。

旁白： 小 B 并不想帮小 A 解决问题，小 A 只好忍痛放下了自己喜欢的商品。

您好，这个价格标签是不是贴错了？这个价格比一般市场价便宜了好多。
折扣
不好意思啊，我这边马上安排人处理。

旁白： 小 B 马上联系了工作人员来更换价格标签，小 A 最终购买到了正确价格的商品。

遇到工作人员推卸责任时，可以换个说法，调动他们积极地去解决问题。通过将利益缺口变成他们的，我们能够更有效地解决问题，同时也能让他们进一步提高工作效率和服务质量。

TIPS 小贴士

1. 要了解工作人员的工作职责、考核指标和利益诉求，以便在提出问题时能够结合他们的利益，增加问题解决的可能性。
2. 选择适当的沟通方式，以提高沟通效果。

破釜沉舟搏一搏，柳暗花明又一村

面对生活的挑战和困境，有时候我们需要有破釜沉舟的勇气，拼尽全力去搏一搏。这种勇敢无畏的精神，可以让我们克服一切困难，战胜一切挑战，实现自己的目标和梦想。无论是在工作上，还是生活中，敢于付出、勇于拼搏的人通常能够取得最后的胜利。

1. 抛开杂念，轻装上阵

小A跟随探险队登上了某雪山顶峰，下山时却遇到了暴风雪。

只有不抱任何幻想和杂念，轻装而行，才有可能提高行进速度，这是我们唯一能活着下山的希望。
这样做，我们不仅无法扎营休息，还有可能因为缺氧、失温，而丧命于此！
旁白：同伴在简单思索后，最终还是采纳了他的建议，互相扶持着继续赶路。
前面就是安全地带，大家再加把劲儿！
我们做到了！10天的路程，我们8天就走完了！
旁白：小A在关键时刻果断选择轻装前进，最终让探险队所有人平安返回。

在这个瞬息万变的时代，我们应时刻保持头脑清醒，不被外界的喧嚣干扰。只有这样，我们才能专注于目标，勇往直前，不断取得成功。

2. 敢于尝试，险中求胜

小 A 和小 B 在沙漠中穿行，极度口渴时发现了一座废弃小屋旁边架设的一台抽水机，然而两人费了半天劲，却没能抽出半滴水。

这是什么破机子，我们都要渴死在这儿了！
别急，一定还有别的办法的……
旁白：焦急之下时，小 B 发现抽水机旁边有个贴着纸条的瓶子，上面写着：“你必须用这瓶水灌入抽水机才能抽到水，在你离开时请不要忘记再将瓶子装满水！”

骗人的吧，我都要渴死了，把这瓶水给我！我们分着喝，到时候再想办法！
不行！我们得试试，不然我们走出这间屋子就会渴死！
旁白：小 A 选择相信小 B 和这张纸条，两人颤抖着将水倒入抽水机，结果真的涌出了水。几天后，两人成功走出了沙漠。

在追求成功的道路上，每一次尝试都是一次锻炼和成长，每一次险中求胜都是对自己的超越。只有敢于尝试，我们才能在逆境中找到新的机遇，实现人生的价值。只有勇于突破自己的舒适区，才能在竞争激烈的环境中立于不败之地。

TIPS 小贴士

1. 我们每个人都需要有“破釜沉舟”的勇气。敢于挑战，才能破茧成蝶，成就一段辉煌人生。
2. 面对困难时，许多人会放大问题。但和困难拼搏一番后，你会发现困难不过如此。
3. 如果我们不想被束缚，就必须下定决心去面对问题。

第三章 心随境转则凡，心能转境则圣

心态吸引力法则

积极乐观是一种人生态度，也是面对困难和挑战时的一种力量。积极乐观的心态能让我们在逆境中看到希望，在挫折中找到成长的动力，激发我们迎难而上的勇气。我们应该时刻调整自己的心态，以乐观积极的态度去面对生活中的一切。

1. 成为一个乐观的人

小 A 常常对父亲抱怨她的生活。一天父亲将她带到厨房，在 3 口沸腾的锅中分别放入胡萝卜、鸡蛋和咖啡豆，并让她靠近观察。

你看到了什么？
胡萝卜变软了，鸡蛋内部变硬了，咖啡豆看不到了。

这三样东西都在沸水中，但坚硬的胡萝卜变软了，易碎的鸡蛋内部却变硬了，而咖啡豆是最独特的，它改变了水。
!

旁白：小 A 慢慢不再抱怨人生，每当遇到困难时，她总会积极尝试用新方法去克服。

成为一个乐观的人需要不断地努力和实践。乐观的人看待生活中的事情时，总是抱有积极的态度和信心，相信事情最终会有好的结果。即使遇到挫折和困难，他们也会努力克服并寻找解决问题的方法。

2. 懂得分享，离幸福更进一步

小 A 是一个农夫，他使用的玉米种子品质优良，因此收成最好。某日，他下田回家，妻子走了过来。

刚才隔壁小张来了，他想借一些咱们的玉米种子。
他倒是会坐享其成，不借！

旁白：小 A 拒绝了邻居的请求。玉米播种后，因为邻居家播种的是次等的种子，所以在传粉过程中，影响了小 A 家的玉米，结果两家都没有获得好收成。

刚才隔壁小张来了，他想借一些咱们的玉米种子。
是吗？我去取一些给他送过去，大家收成好了，一起过个好年！

旁白：小 A 将自家种子分享给了邻居。果然如他所说，这年秋末，两家都获得了好收成，邻居也因此十分感激小 A。

通过分享，我们能建立起深厚的人际关系，创造出令人温馨的社会网络。而追求共赢，则是一种超越零和游戏的智慧。在共赢的理念下，我们的生活将变为一个共同奋斗的舞台，每个人都有机会获得成功和幸福。

TIPS 小贴士

1. 早晨起床后对着镜子微笑一下，并说一句鼓励的话，会让你一天的心情更美好。
2. 对于收到的帮助和关爱，要表达感激之情，并寻找机会回馈他人，形成良好的互动循环。

你对了，世界就对了

在这个各种问题不断滋生、消弭、再生的时代，抱怨似乎已经成了一些人的常态。有人抱怨命运，恨其厚此薄彼；有人抱怨生活，恨其不尽如人意；有人抱怨人群，恨其形形色色……我们不停地抱怨，好像一切都那么不顺眼，可是，怎么办呢？问题到底出在哪？

1. 学会欣赏自己

一只乌鸦在飞行途中遇到一只鸽子，它们停在同一棵树上休息。

你这么辛苦，要飞到哪里去？为什么要离开呢？
我也不想离开，可是那里的人都不喜欢我的叫声。所以我要换个环境，到南方去。

可是，你的声音就是这样，飞到哪里都一样啊！不如学着转换心态，不被他们影响。
你说得对，我的声音虽然没那么好听，但是也很特别啊！

每个人都是一个独特的存在，我们都拥有自己的价值和意义。不被他人的评价左右，才能活出真正的自我。

2. 幸福靠自己争取

小A和一位心理医生面对面交谈，她不停地抱怨着生活的不公。

以前有个人说我的面相不好，一辈子没好运。后来有一个男人追求我，我没听朋友、家人的劝告，执意和他在一起，结果他是个酒鬼，我真是倒霉！
你为什么不离开他，去寻找更好的生活呢？
那个人说过的……我一直信着……
旁白：一阵沉默蔓延在两人之间。

如果当时多听听别人的话，再好好看清这个人，结果很可能会有改变吧。不是别人预言正确，而是你的做法限制了你。人生的幸福都是靠自己去争取的，而不是在别人口中。
我懂了。

很多时候，我们感觉自己活在黑暗中，并将原因归结为命运的捉弄和他人的破坏。其实，在某些重要的节点上，是你自己的选择导致了如今的结果。自己将生活的门扉堵住了，不肯迈出改变现状的第一步，只是蜷缩在角落里自认倒霉，这样怎么能看到幸福的曙光呢？

TIPS 小贴士

1. 失败往往源于自己的内心，我们需要战胜自身的弱点和不足，对准目标坚持下去。先战胜自己，就很难有人战胜我们。
2. 真正的对手从来不是别人而是自己，只有不断超越以前的自己，才能成为最好的自己。

不以物扰，不困于心

人生中，我们会遇到各种各样的事情，有些让我们愉悦，有些则让我们感到痛苦。如果我们的心境不能随之灵活转变，我们就会被外界的环境束缚，难以自拔。我们如果能够实现境随心转，那么无论面对什么，都保持一颗平常心，就能从中找到解决问题的方法。

1. 舍弃抱怨，积聚人气

下了好几天的雨，小 A 站在院子里破口大骂。

你这可恶的老天！你已经连续下了几天雨了，弄得我房子漏水，粮食发霉，柴火湿了，衣服也没的换！你让我怎么活啊！
你站在这里骂天，过两天老天被你气着，再也不下雨了。

它才不会生气呢，我骂它也没什么用！
既然知道没有什么用，为什么还在这里做蠢事呢？去把屋顶修好，我可以借你一些干柴，再吃上一顿热乎饭。
旁白：小 A 无言以对。不一会儿，叮叮当当修屋顶的声音传来，雨天再也不像之前一样难熬了。

舍弃抱怨意味着放下消极的心态，不再为自己的生活和遭遇感到困扰和不满。抱怨无法改变任何事情，相反，我们应该学会接受现实，并积极地寻找解决问题的方法。

2. 别为他人的话而活着

小A和小B同是中文系的学生，两个人都非常有才华。两人把作品拿给某位德高望重的教授看。

请老师给我们的作品提些建议。
你们俩还是先把基本的理论弄明白再说吧，这文笔，简直是小孩子过家家嘛！

唉！我真的是不自量力，还想着当什么作家，简直可笑……
无所谓，写出来有人看就行，即便没人看，我也自认为写得很不错！
旁白：此后，小A放弃了写作。而小B却坚持创作，越写越有自己的风格，并逐渐在文坛崭露头角。

我们要树立自主意识，活出自我，而不是被他人的言语左右。每个人都有自己的价值观和生活方式，不要因为他人的评价而丧失自我。

TIPS 小贴士

1. 每天花一点时间思考和记录下自己所感激的事物，这个简单的习惯可以帮助你看到生活中的积极面，并培养一种感恩的心态。
2. 在面对他人的评价和批评时，要坚定自己的信念，不要轻易被他人的观点动摇。相信自己的选择和决定，勇敢地走自己的路。

向内求力量，向外寻突破

在喧嚣的都市生活中，我们常常感受到压力和疲惫，此时我们需要学会调整心态，保持积极乐观，以一颗宽容、感恩的心去面对生活。同时，要注重自我成长，不断地学习和提升自己，使自己在各个方面都有所进步。

1. 打开一扇窗，让阳光照进来

消瘦的小 A 去看心理医生。

你的心里是不是特别痛苦？
是啊，我总是感觉自己做错了，对门的邻居见面对我不热情，老板说要给我加薪，可总是没动静……生活真是没有意义啊，我一点也不开心。

旁白：心理医生边听边记，等他说完。

你觉得现在自己拥有什么？
我有钱、爱我的父母，还有两只可爱的猫！

旁白：小 A 看起来情绪高涨了不少，心理医生笑着看着他，他突然明白了什么。

心里觉得开心了，生活就过得舒畅了，问题我们一个一个去解决。
好，我想试试！

旁白：此后，小 A 转变了心态，不再把烦心事当成生活的全部，过得轻松自在。

我们要学会调整心态，正确看待生活中的困扰和挫折。虽然烦心事不可避免，但它们并非生活的全部，我们还有很多其他美好的事物可以去关注。

2. 先让心做到

撑竿跳高选手小 A 一直苦练，却始终无法越过某一个高度。

我实在是跳不过去，我一冲到起跳线，看到那个高度就觉得跳不过去。
你一定可以跳过去的。把你的心从竿上摔过去，你的身体就会跟着过去。

旁白：小 A 撑起竿又跳了一次，果然跃过去了。

在面对生活中的挑战和困难时，我们要相信自己有能力去克服这些问题。这种自信并非盲目乐观，而是基于对自己的认识。相信自己能行，意味着我们承认自己的价值和潜力，并愿意为自己的目标付出努力。

TIPS 小贴士

1. 挑战和困难是生活的一部分，面对它们时要保持积极的态度。
2. 遇到问题时，先冷静下来分析问题的本质，找出造成困难的原因，这样才能有针对性地解决问题。

专注自身，不盲从他人

专注自身，不盲从他人，是一种独立思考和自我成长的态度。在当今社会，我们常常受到他人的影响和评判，容易迷失自我。然而，只有专注于自身，才能真正了解自己的需求和目标，找到适合自己的道路。

1. 适合别人，不一定适合你

小A的表姐个子很高，爱穿风衣和长裙。家里一有聚餐，必定会把她夸个不停。这天，小A的母亲又冲小A夸奖了她表姐一番。小A很想得到母亲的夸奖，便模仿起表姐的穿衣风格。

呀，小A，你这穿的是啥，都快拖地了！
这是我的新风格啊。

旁白：小A的外形甜美可爱，换上这身装扮像老了10岁。母亲看了直撇嘴。小A非但没从模仿别人这件事上获得快乐，还受了一肚子委屈。

表姐高挑，气质出众。而我呢，最适合可爱风！
哎呀，小A这身衣服真是买对了，这种带卡通设计的衣服很适合你。

旁白：小A闻言非常开心。她明白，即使别人的风格再独特，不适合自己也没有好的效果，还不如找到最适合自己的那一个。

每个人的审美观念、兴趣爱好都是独特的，盲目模仿他人可能会失去自我。因此，我们应该努力找寻属于自己的风格，而不是一味地模仿。找到真正适合自己的风格，就能展现出属于自己的独特魅力。

2. 跟随内心，他人的意见只是参考

小 A 高考完填报志愿，给亲戚小 B 打电话征询意见。

今年××专业大热，网上的一些老师也推荐这个专业，我觉得你可以试试。
确实，我身边的好多同学也报了，那我就选这个专业吧。

旁白：小 A 盲目追求热门专业，入学后发现自己的兴趣根本不在此，学习热情大打折扣，他也因此而后悔、懊恼。

今年××专业大热，网上的一些老师也推荐这个专业，我觉得你可以试试。
你说得没错，但是我对这个专业不太感兴趣，还是再考虑一下吧。

旁白：经过一番思考，小 A 决定听从自己内心的声音，报考了自己喜欢的专业，入学后的他努力学习，成为老师的得意门生。

在人生的道路上，我们常常会面临各种选择，此时，倾听他人的意见是一种智慧，但更重要的是要坚守自己的内心。学会倾听自己内心的声音，相信自己的直觉和智慧，坚持这种态度，我们就能实现个人的成长和发展。

TIPS 小贴士

1. 要了解自己的兴趣爱好，可以通过自我反思、与他人交流以及尝试接触不同的事物来更好地认识自己，以明确自己的特点和需求。
2. 在找寻适合自己的风格的过程中，我们要有勇于尝试和探索的精神。可以尝试多种风格，但要有自己的判断和筛选，不盲目追随潮流。

为他人抱薪也是在温暖自己

在当今社会，学会发声，不仅是我们需要具备的一种素养，也已经成为一种重要的能力。发声能帮助我们更好地表达自己的观点和需求，让我们更加自信和从容，为揭露不公平的事贡献一份力量。学会发声，不仅是为了自己，更是为了他人，为了社会的进步和发展。

1. 勇敢发声，不做沉默的“羔羊”

M国某韩餐厅被抢，警察赶来处理，当场抓住了劫匪。

谁愿意当证人来指证他？
谁知道劫匪出来后会不会打击报复，谁愿意做证谁去，反正我不去。
旁白：由于无人指证，警察只好将劫匪放走，后来附近又发生了一起韩餐厅抢劫案。
光天化日，万一有人报警怎么办？
放心吧，被抓了，他们也不敢站出来指证，警察已经不管他们了。
旁白：果然，劫匪抢劫后过了半个多小时，M国警察才慢悠悠地出现在餐厅中。

在社会中，我们常常会遇到许多不公平和不合理的现象，有些人选择沉默，而有些人则勇敢地站出来，用自己的行动去改变和影响这个世界。即使我们的力量微小，但只要我们不断努力，就会汇聚成改变世界的强大力量。

2. 摒弃个人主义，把团队放在首位

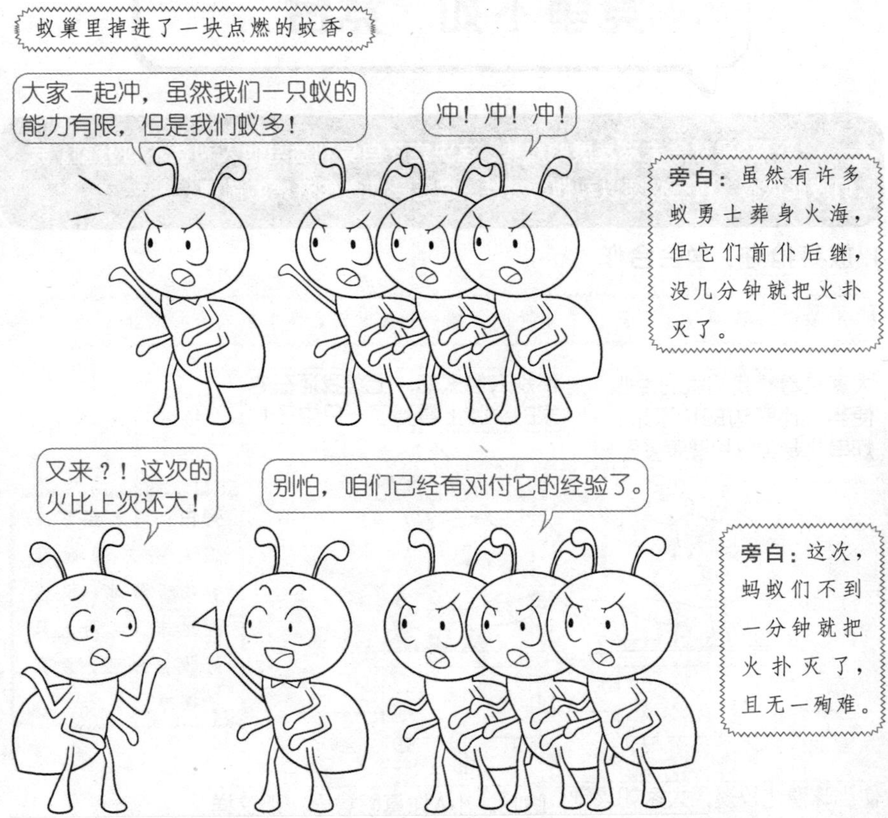
蚁巢里掉进了一块点燃的蚊香。
大家一起冲，虽然我们一只蚁的能力有限，但是我们蚁多！
冲！冲！冲！
旁白：虽然有许多蚁勇士葬身火海，但它们前仆后继，没几分钟就把火扑灭了。
又来？！这次的火比上次还大！
别怕，咱们已经有对付它的经验了。
旁白：这次，蚂蚁们不到一分钟就把火扑灭了，且无一殉难。

个人的力量总是有限的，如果不善于和他人合作，不积极融入团队，那么就很难在这个竞争激烈的社会中生存。团队合作不仅是一种对己、对事、对人的自制力，也是一种与人和谐相处的能力，更是一种以博大的胸怀接纳他人的能力。

TIPS 小贴士

1. 相信自己的观点和感受是有价值的，这是发声的前提。
2. 关注社会热点和公共事务，了解社会发展趋势，这样你的声音才会更有时代感并引发共鸣。
3. 坚持真理和正义，不传播不实信息，不为了个人利益而误导他人。

竞争不如“竞合”

“双赢”是社会未来发展的趋势，这决定了自身利益与他人利益不可分割。我们彼此依存，利己必须以利他为条件，这是一切合作开始的前提。

1. 放弃抢夺，学会合作

小A和小B闲暇时一同在工地附近摆摊。午饭时间，很多工人来摊位上买饭。

大家来看看我们家的爱心便当，比旁边的烤玉米、炸串儿要实惠和健康多了！
都别去他家吃，上次我还在他家的菜叶上看到了一只虫子！
旁白：两人经常在工人买东西时争吵，渐渐地，没人肯过来了，两人只好收拾东西，放弃了摆摊。

便当味道比较淡，大家如果觉得不够味儿，可以再从旁边小摊儿上买两根炸串。我中午就买了，特别好吃！
哈哈，小A你真够意思，那这样吧，凡是买两盒以上便当的工友，来买串，我一律给他打9折！
旁白：两人热情友善的态度和相处方式很快吸引了大批工人，他们的受欢迎程度甚至超过了专职摆摊的人。

在面对有限的资源时，人们往往会本能地互相争夺，以保护自己的利益。然而，这种竞争性的行为往往导致双方都得不到好的结果。相反，如果能够放弃抢夺，学会合作，我们可能就会发现解决问题的新途径。

2. 取长补短，相互支持共同发展

小A和小B是亲戚，两人同读高中，经常在家庭聚餐时见面。
我这次可又进步不少哦。
你这话说的，这次考试这么简单，不进步才是无药可救吧！
旁白：两人因为这件小事闹得不可开交，双方家长也很尴尬，后来在一起吃饭的次数越来越少。

听说你的英语很好，而我不擅长英语，等下次有空的时候，可不可以帮我补补呀？
当然没问题，那你就用讲数学题来“报答”我吧！
旁白：小A和小B一有空就帮对方补习薄弱学科，共同进步。两家的关系也近了不少。

个人的能力或资源总归是有限的。我们如果能够学会取长补短，就能为双方的共同发展铺平道路。通过互相合作，补充不足，共同应对挑战。在这个过程中，我们不仅可以解决问题，还能够学习和成长，在提升自己的能力的同时，维护好人际关系。

TIPS 小贴士

1. 一个人若是能够与他人合作，便是为自己赢得了借力的好方法。
2. 与他人合作的过程，其实也是彼此借力的过程，通过借助对方的力量来帮助自己达成目的与愿望。

第四章 话术变通，任尔东西南北风

把握时机，说话不可随心所欲

任何行动都有最佳时机，懂变通的人都知道事半功倍的道理：什么时候该行动？怎样才能赢得优势？如何取得最终的胜利？与人交流也是同样的道理，说话做事不能太随心所欲，否则很可能会事倍功半。

1. 说点儿吉祥话

小 A 的爷爷老 B 过寿，一家人为了庆祝，特地找了个口碑不错的饭店吃饭。谁知途中下起了大雨，老 B 全身都被淋湿了，心情很是糟糕。

什么时候下不行，偏偏我过生日的时候下雨……
爷爷，别管这破天气了。来，我们先把帽子戴上。
旁白：老 B 虽然接过了小 A 的帽子，却还是一脸闷闷不乐。大家都觉得人老了就像小孩一样，随意安慰了几句，但效果不佳。

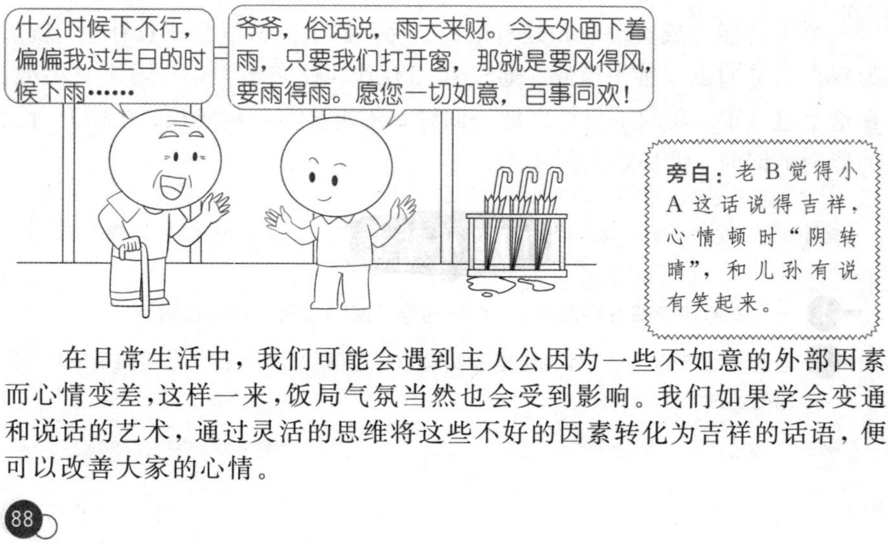
什么时候下不行，偏偏我过生日的时候下雨……
爷爷，俗话说，雨天来财。今天外面下着雨，只要我们打开窗，那就是要风得风，要雨得雨。愿您一切如意，百事同欢！
旁白：老 B 觉得小 A 这话说得吉祥，心情顿时“阴转晴”，和儿孙有说有笑起来。

在日常生活中，我们可能会遇到主人公因为一些不如意的外部因素而心情变差，这样一来，饭局气氛当然也会受到影响。我们如果学会变通和说话的艺术，通过灵活的思维将这些不好的因素转化为吉祥的话语，便可以改善大家的心情。

2. 求人办事，掌握分寸

小A周末受邀参加朋友小B组的饭局，席间得知小B的同学小C是一位主攻音乐的优秀教师。

小A，来，给你介绍一下，这是我的大学同学，省级优秀教师，可厉害了。
是吗？我正为我女儿参加音乐比赛的事发愁呢，真是踏破铁鞋无觅处，得来全不费工夫啊！我女儿的音乐训练就交给你了，你可得帮帮我。
旁白：小A的话过于生硬直白，小C笑着应付了两句，并没有答应他，小B在旁边也有些许尴尬。

小A，来，给你介绍一下，这是我的大学同学，省级优秀教师，可厉害了。
久仰久仰，说起来我真有件头疼事，这件事本来不应该麻烦您的，我也知道您贵人事忙，但我实在是想不到别的办法了，只好厚着脸皮想拜托您……
旁白：小A借机大打苦情牌，以求得小C的理解，小B也帮忙附和了两句，成功说动小C帮助辅导孩子的音乐。

求人办事的方法有很多，可以开门见山说明自己的意图，也可以委婉表达自己的目的，可以承诺会给对方回报，也可以向对方说明自己的难处和迫不得已，甚至是贬低自己、抬高别人。但无论采用何种方法，都要懂得变通，适合自己的才是最好的。

TIPS 小贴士

1. 培养一种乐观的思维习惯，在不利的情境中，试着寻找可以积极解读的方面。
2. 与人交流、做事不能随心所欲，否则很可能会事倍功半。
3. 求人办事的方法有很多，无论采用何种方法，都要懂得变通，适合自己的才是最好的。

留白艺术，牢记两个“别一口”

遇到别人求助的时候，首先要明确一个原则——“别一口”。别一口答应，一口答应意味着应承的事只能成功不许失败，自己没有后路；别一口拒绝，虽然事不好办，但是该客气还得客气，轻易不驳对方面子。

1. 别一口答应

小A的朋友老B无意听他谈起有亲戚在出版社工作，于是想让他帮忙联系一下，看能否帮自己出本书。

小A，我记得你说过你有个亲戚是在出版社做编辑，你抽空帮我问问，我也想出本书。
这都是小事，那个亲戚跟我可熟了，我说给你办了那就一定能办成，包在我身上吧。
旁白：然而，小A最终没能帮老B谈妥出书的事情，让对方的期待落了空，老B因为这件事，和他发了好大一顿火。

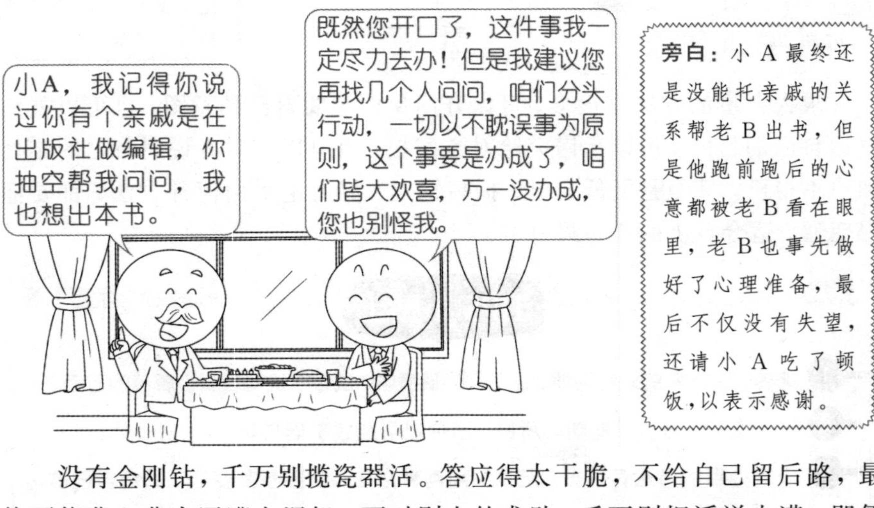
小A，我记得你说过你有个亲戚是在出版社做编辑，你抽空帮我问问，我也想出本书。
既然您开口了，这件事我一定尽力去办！但是我建议您再找几个人问问，咱们分头行动，一切以不耽误事为原则，这个事要是办成了，咱们皆大欢喜，万一没办成，您也别怪我。
旁白：小A最终还是没能托亲戚的关系帮老B出书，但是他跑前跑后的心意都被老B看在眼里，老B也事先做好了心理准备，最后不仅没有失望，还请小A吃了顿饭，以表示感谢。

没有金刚钻，千万别揽瓷器活。答应得太干脆，不给自己留后路，最终可能费心费力还遭人埋怨。面对别人的求助，千万别把话说太满，即便事办不到，也要把心意传达到。

2. 别一口拒绝

小 A 想买一辆新车，得知小 B 的表哥是 4S 店经理，于是想要请小 B 帮忙。

B哥，听说你表哥是4S店经理，买车能帮我争取更大的折扣吗？
你开什么玩笑？我哪有这种本事？你怎么不让我上工厂给你打一台出来！
旁白：小 B 拒绝得太过干脆，伤了朋友间的感情，小 A 从此与小 B 形同陌路。

B哥，你看我这破车，开了好几年了，修修补补，早想换台新的了。听说你认识4S店那边的人，能帮我问一下他们最近有什么优惠吗？
小A啊，说实话，我家亲戚也就是个经理，没有定价的权利，优惠活动都是公开的。如果有内部的促销活动，我一定告诉你。
旁白：小 B 一开始就说明事情很难办，并给小 A 提供了力所能及的帮助，虽然小 A 最终没有拿到折扣，但仍然很感谢他。

当面对他人求助时，首先应该考虑一下自己的能力和意愿，以及与对方的关系和请求的合理性。如果对方的要求不合理或超出你的能力范围，你应该坦诚地告诉对方你的想法和困难，同时也可以提供一些其他帮助或建议。

TIPS 小贴士

1. 在答应或拒绝之前，先评估自己是否有能力满足对方的要求，避免因承诺过度而无法兑现。
2. 无论答应或拒绝，都要展现热情，诚实地表达自己的观点和心意。
3. 在拒绝时，不要过于绝对，说话要适当地保留一些余地，以便根据实际情况进行调整。

别把“低情商”当“直率”

我们周围总有一些人以直率自居，说话不经过大脑，想到什么就说什么，打着心直口快的幌子，无所顾忌地伤害别人。直言直语的后果有轻重之分，轻者让对方难堪、心生不满，重者伤及对方自尊，引起对方愤怒，甚至让对方产生报复心理，无形中给自己树立了一个敌人。

1. 审时度势，别说不合时宜的话

小 A 与小 B 是好兄弟，但小 A 说话经常不分场合，小 B 二婚，邀请了小 A。

小B，你准备的酒席可真是丰盛啊，比你上次结婚时好吃多了。
你觉得好吃就多吃点。
旁白：新郎和新娘都忍着怒火，周围的亲戚朋友们也一脸吃惊地看着小 A。

你们这次的婚礼也办得比上次像样多了，我记得上次的新娘连婚纱都没穿。
你要不是成心来砸场子的话，就别说话了，吃你的菜吧。
旁白：此话一出，小 A 也意识到自己说话有点过分了，赶紧闭上了嘴。新娘的父母知道后，让小 B 和小 A 断绝了来往。

真正的聪明人不是能说会道，而是懂得什么时候该说什么话。说话不当，不如不说。审时度势，说恰如其分的话，会给人舒服的感觉。因为恰当地表达自己的观点，能够给人留下好印象，进而使得事情进展顺利。

2. 幽默开口，巧妙化解矛盾

小 A 经常被人调侃眼睛小。某天，远房亲戚小 B 到小 A 家做客，忽然说起了这个话题。

小A，你的眼睛怎么这么小啊，我还以为你闭着眼睛呢！
不会说话就闭嘴！

旁白：小 A 的回应毫不留情，小 B 本是开玩笑，被小 A 一句带着怒气的话噎得愣在原地。此后两人关系变得冷淡不少。

小A，你的眼睛怎么这么小啊，我还以为你闭着眼睛呢！
是啊，和你相比，我的眼睛就像两颗豆子，但不妨碍我能看到这个世界的美好。

旁白：小 A 的回答既给了小 B 一个台阶下，又不失锋芒。小 B 闻言，意识到了自己的问题，连忙向他道了歉。

日常生活中，我们难免会因与人产生矛盾而陷入尴尬的境地。此时，你如果能掌握幽默这门智慧的艺术，就能通过言语巧妙地化解窘迫情况，从而收获更加和谐的人际关系。

TIPS 小贴士

1. 我们不能无所顾忌地说话，说话时要照顾别人的感受，不要伤了别人的自尊。
2. 高情商者总会谨慎言语，不会轻易冒犯对方。和人交谈时，不可胡言乱语，出口伤人，使对方不开心甚至痛苦。

换种方式，让别人听你说

有时候，我们的观点和意见可能会遭到别人的反对或拒绝。这可能是因为我们的表达方式不够得体，或者我们没有充分考虑到别人的感受和立场。因此，为了更好地传达我们的想法和意见，我们需要学会换一种说话方式，这不仅可以帮助我们更好地与他人沟通和交流，还可以增强我们的人际关系和影响力。

1. 直观的刺激更有效

某个高校演讲会上，演说家小 A 高举着一张 20 美元的钞票。

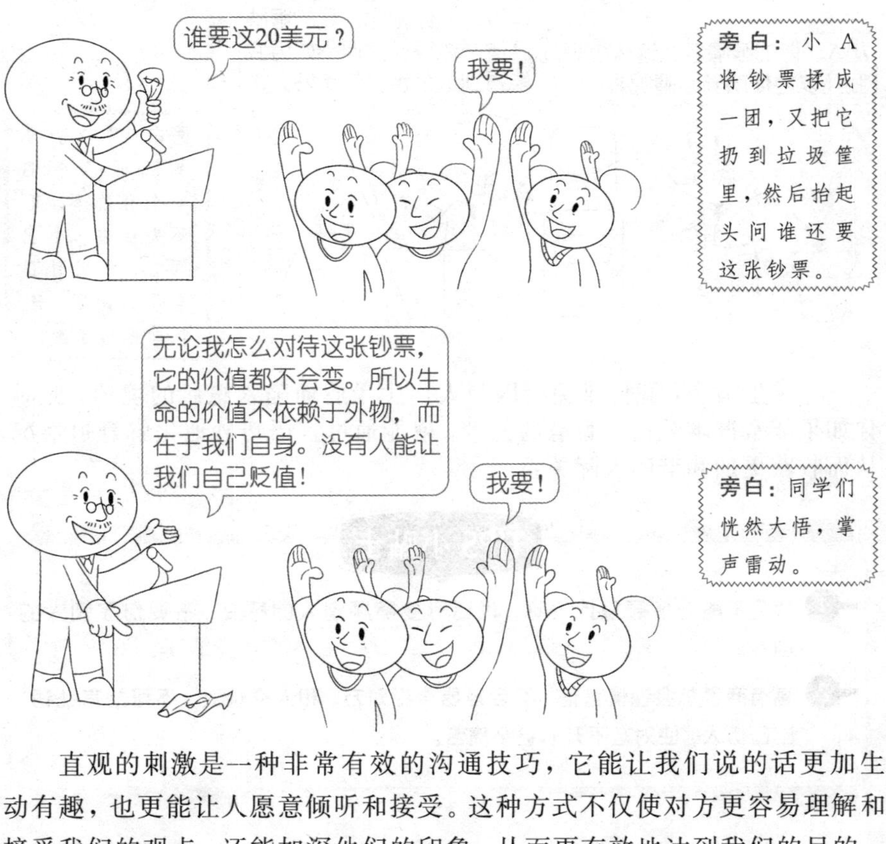
谁要这20美元？
我要！
旁白：小 A 将钞票揉成一团，又把它扔到垃圾筐里，然后抬起头问谁还要这张钞票。
无论我怎么对待这张钞票，它的价值都不会变。所以生命的价值不依赖于外物，而在于我们自身。没有人能让我们自己贬值！
我要！
旁白：同学们恍然大悟，掌声雷动。

直观的刺激是一种非常有效的沟通技巧，它能让我们说的话更加生动有趣，也更能让人愿意倾听和接受。这种方式不仅使对方更容易理解和接受我们的观点，还能加深他们的印象，从而更有效地达到我们的目的。

2. 让别人听你的，未必要说“不”

周末，小A回家看望母亲。结果小A的母亲老B把菜做咸了，小A刚把菜放进嘴里，就立马吐了出来。

妈，我都说了多少次了，不要放这么多盐，这样对大家都不好，你看这菜还有法吃吗？！
我尝尝看……这不很好吃吗？

旁白：小A劝说多次，老B还是不改。后来，老B因为高血压晕倒在地，住进了医院。

妈，上次去医院给孩子看病，医生说这孩子身体弱，不能老吃这么咸的。我还看见一个老人，唉，就是吃盐吃多了，生了病，难受的啊……
哎哟，咱可不能这样……

旁白：小A采用“恐吓”的方式，让老B改掉了放盐过多的习惯。

在与人交流时，我们有时需要表达自己的观点或立场，但并不一定要用“不”这个词来否定别人的观点。相反，我们可以采用更温和、委婉的方式来表达自己的想法，以使别人更容易接受。

TIPS 小贴士

1. 使用事实和数据来支持自己的观点，可以使自己的话语更有说服力，更容易得到别人的认可。
2. 站在对方的角度思考问题，理解对方的立场和感受，可以帮助你更好地表达自己的观点，使对方更容易接受。

打破常规，说话出其不意

要达到出其不意的效果，最重要的是反着来，即突破固有的框架，去尝试一种全新的思维方式，从而达到出奇制胜的效果。身处这个快速变化的世界，我们需要运用反向思维，打破常规，来达到我们想要的结果，为生活和工作注入新的活力。

1. 正话反说有奇效

小 A 想改掉丈夫小 B 回家晚的习惯，便跟他定了个制度：晚上 12 点以后就锁门，不允许再进来。

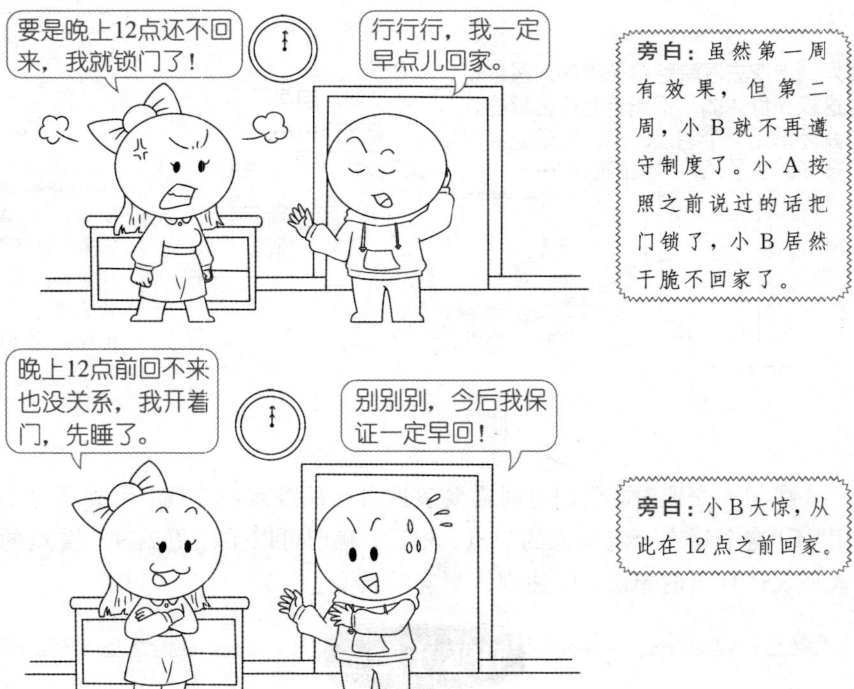
要是晚上12点还不回来，我就锁门了！
行行行，我一定早点儿回家。
旁白：虽然第一周有效果，但第二周，小 B 就不再遵守制度了。小 A 按照之前说过的话把门锁了，小 B 居然干脆不回家了。
晚上12点前回不来也没关系，我开着门，先睡了。
别别别，今后我保证一定早回！
旁白：小 B 大惊，从此在 12 点之前回家。

正话反说可以减轻说服对方的压力和阻力，看似给了对方选择的空间，实际是在给对方限制，这使得对方更主动配合你的要求，提高成功率。这样还可以缓解双方的矛盾和冲突，创造一个和谐的氛围。

2. 换种问法，要回你的东西

小A借给亲戚3万块钱，亲戚迟迟未还。更糟糕的是，他发现自己将借条弄丢了。这天，满心愁闷的小A来找朋友小B喝酒。

小B啊，我该怎么办？这笔钱数目也不小，我真后悔死了，往后谁向我借钱我都不借！
唉，要是有借条还好办，可现在你把它弄丢了……

旁白：小B的话让小A心里更堵得慌了。

小B啊，我该怎么办？这笔钱数目也不小，我真后悔死了，往后谁向我借钱我都不借！
这好办。你亲戚又不知道你借条丢了，现在就给他发消息，问借的3万块钱到期了，啥时候还钱。

旁白：小A将信将疑，但还是听了小B的建议。小A发完消息后，很快就收到了亲戚的消息，给了小A一个确切的还钱日期。

有时，直接要求某人归还你的东西不容易得到回复，尤其是在借钱这件事上。这时，你可以尝试换一种问法，找到对方在意的东西，当你的问题触及对方的利益时，对方不可能不回复你。因此，有时只是换一个问法的问题。

TIPS小贴士

1. 在提供选择时，故意设置一些陷阱选项，或许能够达到自己期望的结果。
2. 了解对方的兴趣和需求，提出问题时，可以将其与对方在意的问题相结合，一定程度上给其压力。
3. 从反面去思考问题，让对手无法预测你的下一步动作，可能会有意想不到的收获。

以夸还夸，互赞互励

赞美如春风般温暖，诙谐似夏阳般热烈。被人赞美固然是件值得欢欣的事，但也莫要得意扬扬。古人言“树大招风”，在人前表现得太过突出容易招致他人嫉恨。而得体地回应别人的赞美，不仅能够展现自己独特的魅力，还能使彼此的沟通更加愉快和轻松。

1. 以夸还夸

元旦回家，小A参加家庭聚餐，因为很长时间没有看见她，所以亲戚们对她很是关注。

太久没见小A了，真是亭亭玉立啊！听说还在外企上班，真了不得！
没有没有，其实，我很一般。
旁白：亲戚一时语塞，不知道怎么继续这个话题，气氛有些冷。

太久没见小A了，真是亭亭玉立啊！听说还在外企上班，真了不得。
谢谢嫂嫂的夸奖，夸我说明您眼光好。您真是会打扮自己，这个美甲就很适合你。
旁白：小A坦然接受夸奖，又机灵地反夸回去，这让亲戚乐出了声。饭桌上其乐融融，不断传出笑声。

如果一味地表达谦逊、妄自菲薄，只会让别人觉得虚伪。要应对这种场合，我们不妨试一下自我肯定，展现出你的大方和自信。另外，还可以顺势赞美对方，以营造欢乐的气氛。

2. 互赞互励

小A过年回老家，酒桌上，亲戚们纷纷夸他有本事、有前途。

小A是从大城市回来的，见过世面，比我们这帮村里人强多了！
我就是一个打工的，您是不知道外面有多难混！
旁白：亲戚们夸小A，实则是为了套他话，小A一肚子苦水全倒出来了，却在日后遭到七大姑八大姨的指指点点。

你爸妈怎么把你培养的？都能去大城市闯天下了，哪像我们，一辈子也就这样了。
瞧您说的！我哥去年不是盖房、买车、娶媳妇了嘛。还有我堂姐，嫁得好，听说我那姐夫也挺有钱的。咱们一家人都过得蛮好，我先敬大家一杯。
旁白：小A不显摆也不露怯，反过来称赞每个家庭的闪光点，一番话让整个宴会其乐融融，好不热闹。

过年回老家，面对亲戚们的“戴高帽儿”，这时只需秉持一个原则：你在面儿上问，我在面儿上答。你说我这儿好，我提你那儿强。如此这般，既不伤和气，又免遭人议论。

TIPS 小贴士

1. 在与他人交流时，要积极认可和肯定他们的优点、成就或努力。
2. 找准切入点，反夸对方，易得人心。
3. 在家庭中培养一种互敬互爱的氛围，让每个人都能够在互相赞赏和鼓励中成长与进步。

抓住对方心理，精准套话

在生活中，有时对方为了维护自身利益，或出于性格原因，不会表达出自己的真实想法。我们想要更好地了解他人，或者想要得到真实的答案，常常无从下手。本节将为你提供一系列实用技巧，教你如何通过提问，巧妙地套出别人的话。

1. 绕个弯子，得到你想要的答案

小 A 去小 B 的店里吃饭，等了好久，点的饺子还没做好。而这时正好有一件紧急的事需要马上处理，小 A 想把饺子退掉。

你好，我点的饺子下锅了没有？如果没有，那就不要了。
下了，下了，马上就好。

旁白：此时饺子并没下锅，这只是商家为留住顾客而撒的谎。小 A 没办法，只得赶去办事。他饿着肚子，饭钱也没了，因此窝了一肚子火。

你好，我点的饺子下锅了没有？下锅了就算了，如果没有，就换成西红柿鸡蛋面。
还没下锅，这就给您换。
算了算了，都不要了，正好都还没下锅，把钱退了吧。

旁白：小 A 成功套出实情，退掉了饺子，避免了不必要的损失。

从商家的角度出发，有时为了挽留一个顾客，可能不会说出真实的情况。而这时我们可以借助上述方法探听真相，然后寻找合适的解决办法。

2. 善用提问，得到你想要的答案

小A和小B关系不错，但小B很内向，聊天时从不会主动分享自己的事情。

小B，周末去哪儿玩了啊？
没去哪儿玩啊。
旁白：小B并不想分享自己的个人生活，一句话把天聊死了，只留小A一人尴尬。

小B，我昨天下午好像看见你在××大厦了，那个人和你简直一模一样的，就是你吧？
怎么可能是我，我昨天下午在电影院呢。
旁白：小A套出了小B的话，又顺着聊了下去，慢慢打开了小B的话匣子。

因对方不想说出自己的真实想法而导致沟通无法进行下去时，我们可以先假设一个场景，让对方放松警惕，进行反驳，从而说出实情。这样做有助于交流的顺利进行。

TIPS 小贴士

1. 要培养思维的灵活性和应变能力，善于绕路而行。
2. 在引入别的事物时，要注意隐藏自己的真实目的，避免让对方察觉到你的意图。

尴尬局面巧化解，随机应变是关键

在日常生活中，我们常常会遇到各种尴尬场景，有时是他人的无心之失，有时是他人的故意刁难。提高随机应变的能力，以从容自信的态度和智慧巧妙地应对，才能从尴尬中脱身，在尴尬中成长。

1. 转移话题，给他人搭个台阶

小 A 第一次到男友小 B 家做客，起身添米饭时发现锅里没有了。

咦？米饭没有了啊，我还没吃饱呢……
亲爱的，对不起，我妈平时煮3个人的量煮习惯了，待会儿我给你点个外卖吧。

旁白：小 A 的话让小 B 一家觉得羞愧难当，饭桌上顿时一片尴尬。

果然浓缩的都是精华，这个锅虽然小，但是煮出来的饭太好吃了。这是从哪儿买的呀？我也想买个同款。
哈哈，这是我妈从楼下超市买的。待会儿我陪你去逛逛，顺便再买点你爱吃的零食。

旁白：小 A 的话给了小 B 家一个台阶，小 B 也配合她圆了场，饭桌上的气氛仍旧温馨。

在陷入尴尬时，迅速转移话题，让大家的注意力从尴尬事件上移开，可以避免局面继续失控，同时也能给他人留个台阶，让人际关系更加和谐。需要注意的是，转移话题时，过渡要尽量自然一些，避免因过于生硬而适得其反。

2. 顺势回击，不做沉默羔羊

小 A 戴着自己从潮品店新买的瓜皮帽从电梯出来，正好遇到了同样戴着帽子的邻居小 B。

你脑袋上是个什么东西？能算是帽子吗？
16
啊？很难看吗？

旁白：小 A 窘迫地摘下帽子，小 B 见状，嘻嘻哈哈笑起来，更加张狂了。

你脑袋上是个什么东西？能算是帽子吗？
16
你帽子下是个什么东西？能算是脑袋吗？

旁白：小 A 的话让小 B 的笑僵在了脸上，小 A 瞥了他一眼后，扬长而去。

在面对他人的恶意挑衅和刁难时，要准确抓住对方言语中的关键点，有针对性地进行回应。避免对方利用你的沉默或模糊回应进一步挑衅。回击时，可以采用调侃、反问等方法，直击要害且不失优雅地让对方明白你的态度和底线。

TIPS 小贴士

1. 在转移话题的过程中，可以适当运用幽默元素，在轻松的氛围中化解尴尬。
2. 在转移话题的过程中，鼓励他人参与讨论，让大家共同关注新话题，增进感情。
3. 反击要适度，避免过度反击让对方产生逆反心理。

小结 识局者生，破局者存

1. 多与他人交流思想，分享看法，以发现自己的盲点和不足。
2. 保持对周围环境的警觉，提前储备必要的资源。
3. 明确自己的目标和价值观，坚定地走自己的路，我们才能避免迷失自己。
4. 在找寻适合自己的风格的过程中，我们要有勇于尝试和探索的精神。
5. 坚持真理和正义，不传播不实信息，不为了个人利益而误导他人。
6. 与他人合作的过程，其实也是彼此借力的过程，通过借助对方的力量来帮助自己达成目的与愿望。
7. 在与他人交流时，要积极认可和肯定他们的优点、成就或努力。
8. 在转移话题的过程中，鼓励他人参与讨论，让大家共同关注新话题。

03

第三篇

好风凭借力，送我上青云

在职场这片广阔的天地里，我们每个人都是奋斗的勇士，也是智慧的谋者。面对日新月异的工作环境和层出不穷的挑战，能否灵活变通，往往决定了我们能否站在成功的顶峰。职场变通，是一种艺术，更是一种生存法则。它要求我们在坚守原则的同时，不失变通之巧；在追求卓越的同时，兼具灵活之美。让我们翻开此篇，携手踏上这场启迪智慧的变通之旅！

第一章 职场思维，峰回路转只在一念之间

无法改变局面，但可以改变态度

在职场上，我们可能会遇到许多无法改变的事情，如公司的政策、市场的变化或同事的行为。我们要学会调整自己的心态，接受现实，专注于我们能够影响的领域，例如提升自己的技能、改进工作方法或与同事建立良好的关系。

1. 积极回应上司问题

小A近期工作繁重，大家都走了他还在加班。B总下班时看见了这一幕。

小A，这么晚还没走，辛苦你了。
没事的，B总，我不辛苦。

旁白：小A的话让B总觉得他加班是因为能力不行，做得太慢。B总对小A的印象大打折扣。

小A啊，最近几个项目交给你做，工作强度确实大了点，真是辛苦你了。
没关系的，B总，我还要感谢您给了我负责重要任务的机会，这不仅让我以前掌握的能力有了用武之地，更让我从中学习到了不少新知识，这点辛苦与我的收获相比简直微不足道，我会继续努力！

旁白：B总听了小A的话感到很欣慰。在之后的工作中，小A获得了B总更多的支持和提携。

员工积极回应上司的问题，不仅体现了职业素养，还体现了热情的工作态度。通过这种方式，我们不仅可以向上司展示自己的专业技能和深厚知识，还可以表现出对工作的热爱和对团队的责任感。

2. 展现热情的工作态度

小A入职新公司一个月了，B总专门找了个时间来了解一下他的状态。

小A，你来了也有一个月了，感觉怎么样？
感觉也还行吧！

旁白： 小A的话让B总觉得他还是对岗位不熟悉，并且对工作不上心。

小A，最近适应公司的节奏了吗？对工作有什么想法？
我觉得咱们团队氛围很好，我工作上有不懂的地方，大家都给我很多帮助，我对我的发展前景还挺有信心的，我相信很快就能融入这个大家庭了。

旁白： 小A的回答让B总感受到他对工作、对公司积极的态度，B总自此一直非常关注小A在公司的成长。

上司问你"感觉如何"和"适应不适应"，既是一种对你本人的关心，也想听听你作为新人对新工作、新团队、新环境的评价和你的发展规划，所以他当然希望听到比较积极阳光的回答。你回答"感觉很好"，说明你心态积极，融入了新环境。

TIPS小贴士

1. 辛苦劳作固然重要，但学不会展现自己便会错失机会。我们可以利用上司提问的时机来表达自己面对工作的积极态度和对上司给予机会的感谢。
2. 当上司询问你的工作情况或个人状态时，你要真诚地表达自己的想法和感受，提供具体的反馈信息。

重要的不是成功，而是持续成长

我们在成长过程中学到的东西和积累的经验比最终的结果更有价值。成功可能只是瞬间的光芒，而成长却是一个持续的过程。这个过程包括不断地尝试、学习和改进，是逐步实现的。在成长过程中所积累的经验和能力，可以帮助我们更好地应对未来的挑战。

1. 在工作中寻找自己的价值

小A入职某公司半年多，一直觉得自己是个小透明，没什么价值。某次，他所在的部门接到了一个紧急的任务，需要有人快速且准确地进行数据分析。

怎么回事，我们部门这么多人，竟然没有一个人可以做这个任务吗？
要不……我来试试？

旁白：小A出色地完成了任务，部门经理见状乐得合不拢嘴，对他刮目相看。

小A，你的数据分析做得这么好，之前怎么都不表现出来？
我……我还以为这不是什么有用的技能呢！

旁白：此后，部门经理常常将有关数据分析的任务交给小A，小A也逐渐感受到了自己的价值，工作热情越来越高。

每个人都是独一无二的，拥有自己的光彩和价值。要发现自己的价值，就需要深入探索自己的内心，明确自己的兴趣和激情所在，就像矿工在深邃的地下挖掘宝藏，我们也需要在工作中不断挖掘和发展自己的潜力。通过不断学习和提升自己的技能，我们可以成为职场中闪耀的明星，展现自己的独特光芒。

2. 别人的经验，可参考不可照搬

小 A 和小 B 同是某公司的推销员，小 B 的业绩一直很高，小 A 却业绩平平。

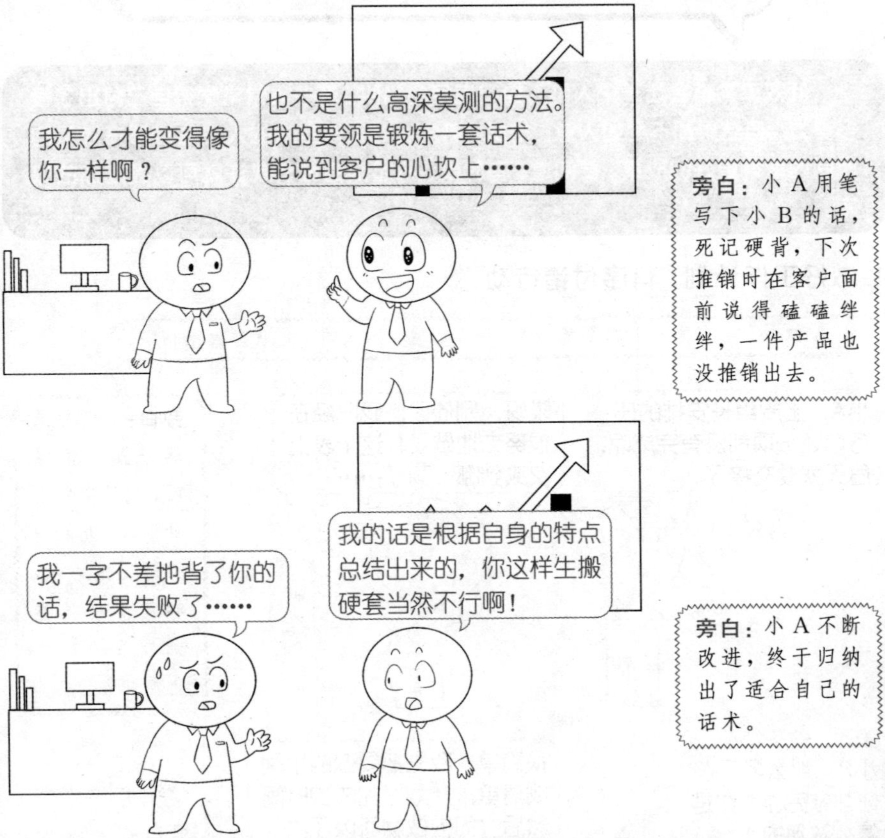
我怎么才能变得像你一样啊？
也不是什么高深莫测的方法。我的要领是锻炼一套话术，能说到客户的心坎上……
旁白：小 A 用笔写下小 B 的话，死记硬背，下次推销时在客户面前说得磕磕绊绊，一件产品也没推销出去。
我一字不差地背了你的话，结果失败了……
我的话是根据自身的特点总结出来的，你这样生搬硬套当然不行啊！
旁白：小 A 不断改进，终于归纳出了适合自己的话术。

每个人的情况和需求都是特殊的，我们如果只是盲目地照搬别人的经验，而不考虑自己的实际情况，就可能会出现方法或策略并不适合自己的情况，不但无法达到预期的效果，还会让我们慢慢丧失独立思考的能力，在面对新的挑战时，无法想出合适的解决方案。

TIPS 小贴士

1. 通过工作，我们可以发挥自己的能力，为社会和他人创造价值。当我们发现比工作本身更有价值的东西时，我们便前进了一步。
2. 别人的经验固然全面，但并不一定适合自己。唯有在实践中练习和总结，才能让自己的技艺更加纯熟。

低效率勤奋比懒惰更可怕

低效率勤奋会让一个人陷入自我满足的陷阱。有些人常常觉得自己付出了很多努力，但结果却不尽如人意。相反，那些找对工作方法的人往往能够在较短的时间内取得更好的成果。要知道，有时候，不起眼的细节或许就可以提高你的效率。

1. 做好工作计划，有序付诸行动

小A和小B去年同时入职了某公司，一年过去，两人的工作状态大不相同。

小A，上周组长安排的任务你还一项都没有完成呢，后天就要交接了。
哎呀，别催了，我已经在很努力地做了！这个表上次改到哪一列了……
旁白：小A虽然一直忙忙碌碌，但没有任何计划，这儿做一点那儿做一点，导致他总是拖到最后一刻才上交任务。

小B，那么多工作你都做完啦？你是怎么做到的？
很简单，我先把要做的事列成清单，计划好完成的时间，然后立即去做就可以了。
旁白：不久，公司裁员，小B因为工作效率高顺利留下，小A却离开了。

如果没有明确的时间规划，我们不仅会不清楚自己下一步要做什么，还可能错过重要任务。浪费时间在琐事和无关紧要的任务上，会导致重要任务无法按时完成，还可能对自己的职业发展产生负面影响。

2. 掌握工作细节，及时转变思路

小 A 和小 B 一起入职快餐店，但是工作不久，小 B 就获得了加薪。

我们做的工作一样，为什么小B可以加薪？
你去看看小B怎么工作就明白了。

旁白：小 A 和其他服务员站在一边观察小 B 的工作。

先生，你愿意在麦乳混合饮料中加入一个还是两个鸡蛋呢？
一个就够了。

旁白：原来大多数服务员提问时都是直接问顾客是否加蛋，这时顾客往往会拒绝，小 B 却懂得改变思路。

注意工作细节可以帮助我们增强沟通效果，在与他人交流时更有针对性。它还可以帮助我们更好地规划工作，全面地考虑问题，从而提高工作效率。

TIPS 小贴士

1. 根据任务制订具体的时间规划。我们可以使用日程表或时间管理的小工具，来帮助自己梳理待办事项，以便更好地规划时间。
2. 提高自己的观察能力和分析能力，关注工作中容易被别人忽视的小细节。认真做好本职工作，努力使自己做到干一行、精一行，不断提高业务水平。

低调历练，方有一飞冲天之时

总有些人幻想自己拥有点石成金的能力，当心中的金山变成脚下的钉子，他们便看不上这些可以维持一日三餐的来源，最后只能两手空空。财富是需要累积的，成大事者是需要靠每个渺小的机会来磨炼自己的，好高骛远会让自己一无所获。

1. 九尺高台，始于微末

小A是某名校的高才生，毕业后成了某家公司的普通职员。

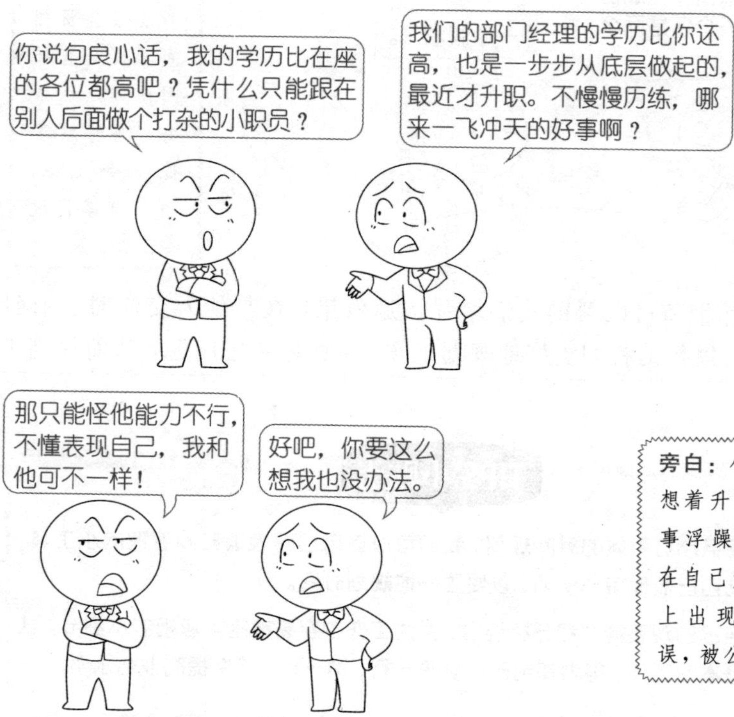
你说句良心话，我的学历比在座的各位都高吧？凭什么只能跟在别人后面做个打杂的小职员？
我们的部门经理的学历比你还高，也是一步步从底层做起的，最近才升职。不慢慢历练，哪来一飞冲天的好事啊？
那只能怪他能力不行，不懂表现自己，我和他可不一样！
好吧，你要这么想我也没办法。

旁白：小A每天只想着升职加薪，做事浮躁。后来，他在自己负责的项目上出现了重大失误，被公司劝退了。

任何人的成功都不是一蹴而就的，对待工作和学习都需要放平心态。从最基本的小事情做起，经过逐步的积累和努力，才能取得成功。

2. 不要敷衍工作中的每一件小事

某天，一位律师走进速记员小A工作的楼层。
请问哪里能找到一位速记员来帮忙？我现在手头有些紧急工作要完成，想找速记员帮忙。
公司所有速记员都去观看球赛了，过几分钟我也要走。不过我愿意留下来帮你，球赛随时都可以看。
旁白：在小A的帮助下，这位律师顺利完成了工作。过几日律师来答谢，老板知道此事后，给小A升了职。

即使是看起来微不足道的事情，也可能会对你的整个工作生涯产生影响。因此，我们应该以认真负责的态度对待工作中的每件小事情，严谨细致地完成每一个任务，以确保工作的质量和效率。

TIPS 小贴士

1. 切忌眼高手低、好高骛远。抛弃浮躁，追求实际的目标，并从小事做起，不断积累经验，才能提高自己的能力。
2. 要保持积极的工作态度，这种态度会吸引上司和同事的注意，还可能为你带来更多的机遇。

学无止境，实力是天赋和努力的总和

实力并非单靠天赋，亦非单靠努力，它是天赋与努力结出的果实。无论身处何地，天赋异禀者都需磨炼心性，努力不懈；平凡之人也应努力挖掘潜能，成就非凡。实力，是天赋与努力的见证，是勇往直前的动力。

1. 付出会赋予你最好的回报

小 A 上班后，觉得自己的知识储备很少，希望通过学习一门技能来提升自己，但身边的同事都表示不理解。

今天下班后，咱们去吃烧烤吧！
不好意思，我要回去听会计的网课。
旁白：同事大为震惊，觉得已经上班了，没必要继续学习。但小 A 不在乎他们的看法，他一直坚持听网课。

我要转到会计部门了，这段时间很高兴和大家一起工作。今晚我请大家吃饭。
真不敢相信，你居然靠每晚的网课，学会了会计这门专业门槛很高的技能。
旁白：通过这段时间的学习，小 A 体会到了坚持的意义。在以后的职业生涯中，他不断突破自我，完成了一个又一个重要的计划。

付出与收获往往成正比，付出得越多，收获才可能越丰硕。在工作中，我们要勇于付出，努力工作，不断学习和提高自己，才能在事业上取得成功。同时，付出也有助于我们培养良好的品质和习惯，从而更好地适应社会，实现自我价值。

2. 接纳新需求，拒绝故步自封

小 A 和小 B 一起学习烘焙，后来各自开了一家甜品店。起初小 A 的水平高于小 B，店里的生意也更好。

你好，我不想接受高糖高脂的食物，能不能从你们这儿定制一个蛋糕呢？
不好意思，甜点的用料都是固定的，随意改变会影响味道，我们没法满足您的要求。
旁白：小 A 不敢轻易尝试，也从未推出过新品，时间久了，竞争力就越来越弱。

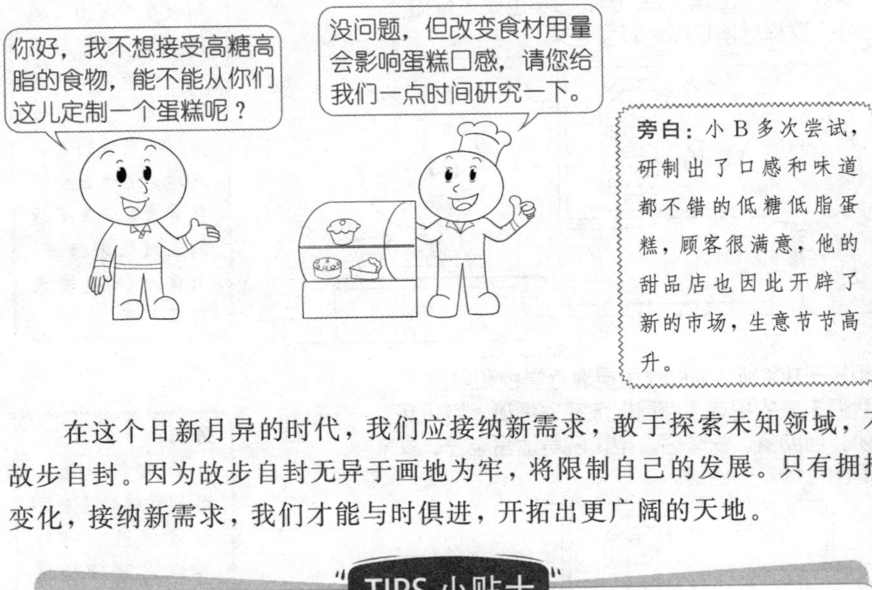
你好，我不想接受高糖高脂的食物，能不能从你们这儿定制一个蛋糕呢？
没问题，但改变食材用量会影响蛋糕口感，请您给我们一点时间研究一下。
旁白：小 B 多次尝试，研制出了口感和味道都不错的低糖低脂蛋糕，顾客很满意，他的甜品店也因此开辟了新的市场，生意节节高升。

在这个日新月异的时代，我们应接纳新需求，敢于探索未知领域，不故步自封。因为故步自封无异于画地为牢，将限制自己的发展。只有拥抱变化，接纳新需求，我们才能与时俱进，开拓出更广阔的天地。

TIPS 小贴士

1. 不断地学习和提高，可以克服自己的不足，进一步提升自己的能力。
2. 要保持开放的心态，积极接受新事物、新观念，并且主动尝试和探索。
3. 当面临新的需求和挑战时，我们要敢于走出舒适区，勇于尝试新的方法和策略。同时，我们也要学会灵活变通，根据实际情况调整自己的计划和目标。

外求不如内求，切勿画地为牢

水无形，可以随着容器的变化而变化；人要顺势，就得懂得适时变通。成功的路不只有一条，不要循规蹈矩，更不要轻易丧失信心。顺势而为、灵活应变，不仅可以找到问题的突破口，还可以利用变通思想探索新的思路，将自己提升到一个新的高度。

1. 扬长避短，寻找突破点

城市中心商圈里，有A、B两家商场。去年B商场引进了很多国际大牌，发展势头迅猛，抢走A商场大量客源。这种局势下，A商场的经理小A制订了年度招商计划。

咱们的首要竞争对手就是B商场，目前那边进驻了不少国际大牌，咱们今年也要大量招商，这样才能把顾客吸引过来。
A
B

旁白：小A的计划收效并不好，在两商场商铺同质化的情况下，B商场凭借更新的设施、更宽敞的室内环境，仍然更受消费者青睐，A商场的业绩依旧惨淡。很快小A也被调离了总部。

相较于B商场，咱们这里更靠近学校和居民区，我们未来的招商重点可以放在兴趣班、游乐场所、自助餐、快餐店、电影院等适合亲子、家庭出行场景的店铺。
A
B

旁白：事实证明，小A的新招商策略是对的，以家庭为单位出行的顾客给A商场提供了巨大的客流量，商场业绩也迅猛提高，小A受到了总部的嘉奖。

"随机应变"讲求以实际情况为重。硬碰硬的常规做法，不一定总是有效。以客观实际为基准，灵活应对问题，才能得到最好的收益。

2. 充分利用现有条件

日本南极探险队设法用运输船把汽油运到越冬基地，却在操作中发现输油管的长度不够。

完蛋了，输油管的长度不够！
再从日本运来，需要将近两个月的时间，怎么办？
旁白：突发情况把所有队员都给难住了。此时，队长突然提出一个设想：用冰来做管子。

怎样使冰变成管状呢？
把医疗用的绷带缠在已有铁管上，上面淋上水，让它结成冰，然后再拔出铁管，不就做成冰管子了吗？
旁白：水在南极是最丰富的资源，这下队员们不用愁了。

在职场中，挑战与机遇往往并存，而面对挑战，我们要学会利用现有的条件，化劣势为优势。首先，我们要正视自己的不足，深入分析劣势的根源，然后在此基础上，巧妙地将这些劣势转化为推动自己成长的力量，从而战胜困难。

TIPS 小贴士

1. 切实了解市场趋势、消费者需求和竞争对手的动态，以便找到市场中的空白点，从而确定自己的突破点，切忌一味模仿。
2. 仔细审视你所处的环境，包括社会、经济、技术、文化和政治因素。识别出潜在的机遇和威胁，并思考如何将它们转化为你的优势。

打破桎梏，开辟新路

在当代社会，无论是追求机会和成功，还是想要回属于自己的东西，常规的经验和普遍的做法可能都无法带来卓越的成果。与此相反，那些敢于打破常规的人往往更容易接近目标。通过挑战既定的观念和传统，我们能够开辟新的道路，获得创新的机会和成功的机遇。

1. 大胆突破，熟知并非真知

某饭店因为客流增多，原先的电梯显得狭小。于是饭店老板请来全国一流的建筑师和工程师，探讨扩建电梯。

根据我们丰富的经验，饭店必须停业3个月才能扩建好这个电梯。
没有其他办法了吗？

旁白：停业 3 个月损失巨大，但建筑师和工程师们坚持这是最好的方案。正说着，饭店里的一位清洁工路过。

要是我，就会直接在楼外装上电梯。

旁白：一星期后，饭店外面就安装好了新电梯。这是当地第一次有商家安装户外电梯。

工作中，我们常常会被熟知的事物束缚，所以我们要在熟知的基础上勇于质疑，挑战传统观念，寻求事物发展的新方向。就像乔布斯所说：“保持饥饿，保持愚蠢。”我们要时刻保持对知识的渴望和对未知领域的好奇心，才能更接近成功。

2. 没有做不到，只有想不到

小 A 是一家服装店的老板，店里正在进行换季清仓甩卖，店门口用音箱放着宣传语。

全场大甩卖，夏季服装统统20元，快来瞧，快来看！
卖光清光
一件不留
最后1天
清仓
旁白：小 A 的低价销售策略确实卖出了不少货品，但是仍有部分版型不好的衣服卖不出去。

全场大甩卖，夏季服装40元，买一件送一件，快来瞧，快来看！
卖光清光
一件不留
最后1天
买一送一
清仓
旁白：小 A 将版型不好的衣服以“送”售出，最终不但没有压货，还小赚了一笔。

以“送”代卖是一种销售策略，指的是在销售商品的过程中，通过优势品和劣势品捆绑销售，来吸引消费者购买产品。这种策略可以增加消费者对商品的兴趣和购买欲望，从而提高销售额，减少压货损失。

TIPS 小贴士

1. 努力尝试新的方法和观点，观察你所在的环境，不要被一种规则束缚。
2. 锻炼自己的思维模式，遇到问题不要固守一种思维，要寻找便捷的解决方案。比如在说服他人停止某种行为时不用禁止的句式，而是从危害入手，让其自行停止当前的行为。

别让资历限制你的能力

在某些情况下，资历可以帮助我们快速晋升。但如果我们过于依赖自己的资历，极可能会陷入"资历陷阱"，而忽视了能力的提升。事实上，一个人的能力并不完全取决于他的资历。我们只有不断学习、提升自己的能力，才能跟上时代的步伐，让自己始终保持竞争力。

1. 承认他人比自己优秀

小 A 到一家公司担任行政经理，老 B 觉得他是自己的一大竞争对手。

这个策划书的逻辑完全不通，我在公司待的时间比你长，你得听我的。
资历老不代表能力高，我凭什么听你的？

旁白：两人在大小事务上针锋相对，不仅没有为公司创造价值，还因为私人恩怨拉低了公司的效益，不久就被双双开除了。

小A，你虽然年轻，能力却不差，真是后生可畏啊。看来我得继续学习，要不然就要被你"拍死在沙滩上"了。
B哥过奖了，您的资历深，经验足，我应该多多向您学习。

旁白：小 A 和老 B 既是竞争对手，也是惺惺相惜的朋友，两人共同进步，成了公司的两大骨干。

每个人的优点和不足都不受年龄和资历的影响，看到并承认他人的优秀之处，不仅可以让我们更好地学习和成长，还可以帮助我们建立良好的人际关系，促进团队合作。同时，也能够让我们更加客观地看待自己，不断提高自己的能力和素质。

2. 推陈出新，主动出击

小 A 是公司财务部资深的中层管理者，进入公司十几年，虽然工作努力但职位长期未获得提升。财务部新来了一位“00 后”姑娘小 B，她乐观、阳光、有担当，很快成了财务部门的焦点人物。

我看这个报销流程有问题。
大家先冷静，我请求改进报销流程的方案。
一直以来都是这样的，我看没有问题。

旁白：会后，小 A 仍然气愤不已，认为小 B 将麻烦带到了财务部。

我觉得……
时代变了，早晚都要做，为什么不主动出击呢？

旁白：总监的话使小 A 醍醐灌顶，小 A 凭借经验主动帮助小 B 优化了新的报销流程方案，得到了大家的认可。年终，小 A 得到了一笔丰厚的奖金，职位也向上提升了一级。

保持主动学习的心态，不断更新自己的知识和技能，是提高自身竞争力和适应能力的关键。在这个快速发展的时代，知识和技能的更新换代速度非常快。只有不断地学习，才能跟上时代的步伐，才能更好地应对生活和工作中的各种挑战。

TIPS 小贴士

1. 虚心接受他人的意见，反省自己，保证自身的良好发展。
2. 每个人擅长的领域不同，虚心请教不丢人，及时更新是关键。
3. 定期对自己的工作进行反思和总结，发现不足之处，及时调整方法和策略。

机会往往潜伏在变化中

事物往往有两面性，它们是可以相互依存、相互转化的。一个看似不幸的事件，可能会成为未来成功的契机；一个表面的优势，也可能在不经意间转化为劣势。因此，我们需要以开放的心态去面对生活的起伏，学会在变化中寻找机会，在挑战中发掘潜力。

1. 化缺点为优点

小 A 去某大公司应聘项目经理一职，老板小 B 让他评价一下自己。

你是怎样评价自己的？
我的优点有很多。首先，我的工作能力强，可以应对各种复杂的工作。其次，我的工作效率高……

旁白：小 A 一直介绍自己的优点，对面试过许多优秀人才的小 B 来说没有太大的吸引力，小 B 最终没有录用他。

你是怎样评价自己的？
我有时遇事会有些急，因为自己无论是在团队配合，还是项目推进等多个方面都已经养成尽量高效处理的习惯。虽然客户的口碑比较好，但可能会让内部的人有压迫感，我正在不断改善自己。

旁白：小 A 主动暴露自己的缺点，让小 B 觉得比较真诚，小 B 对他的好感倍增，最终决定录用他。

俗话说："金无足赤，人无完人。"一个有些缺点的人往往更加真实可信，也更容易得到别人的认可。真正优秀的人常常有意承认自己存在一些无关紧要的缺点，这也是变通做事的一种方法。适时地运用这种方法，不仅不会让自己的劣势成为对方手里的"杀手锏"，反而会把劣势化为优势，让自己脱颖而出。

2. 化危机为商机

小A开了家水果店，但每次进的货都卖不完，水果储存期又短，店员小B有些发愁。

A哥，咱们这些水果再卖不出去就要坏了，怎么办呀？
把剩下的水果一律半价售卖吧。
水果店

旁白：小A低价售卖剩下的水果，但也没多少人买，最后水果都烂了，不得不扔掉。

A哥，咱们这些水果再卖不出去就要坏了，怎么办呀？
别担心，我刚跟附近酒吧联系了，对方同意跟咱们合作了，咱们可以把品质还可以的水果做成果盘，每天提供给酒吧！
水果店

旁白：小A将品质还可以的水果加工成果盘，以翻倍的价格卖给晚间生意火爆的酒吧，不仅解决了自己的销路难题，还大大提升了营业额。

在面临困难和挑战的时候，脑袋要灵活，不要只认准一条路，应当创新和调整策略，以将潜在的危机转化为商业机会。这需要培养自己敏锐的市场洞察力、灵活的战略调整能力以及强大的创新能力。

TIPS 小贴士

1. 面对对自己不利的情况，我们可以反其道而行之，表明劣势，实则凸显优势，以扭转局势。
2. 当面对危机时，要主动洞察周围的环境，从不同的角度审视问题，从而发现新机会，化解当前危机。

艰难之处开出机会之花

人的一生总会面临很多意想不到的难题，与其一头乱，不妨静下心来，认真思考如何解决问题。面临挑战或难题，也意味着有机会去解决问题并从中获得成功或收益，而解决问题的过程也是个人提高的过程。

1. 全力以赴，不拿“办不到”当借口

小A在一家大型建筑公司任设计师，工作十分辛苦，但他仍积极主动，毫无怨言。

为这位客户做一个可行的设计方案，时间只有3天。
请放心，我会全力以赴，一定把这个方案弄好！

旁白：3天后，小A的眼睛布满了血丝，准时把设计方案交给了老板。

我知道时间紧任务重，但我们必须尽快给出方案。如果当初你放弃这个任务，公司可能就会面临违约问题，幸好你没让我失望。

当我们面临挑战时，全力以赴可以激发我们的潜能；当我们不拿“办不到”当借口时，我们就会努力寻求解决问题的方法，从而激发自身的创造力。在这个过程中，只要我们不断学习和积累，就能让自己更上一层楼。

2. 把困难当成一种历练

有一个客户对小 A 团队给出的设计方案一直不满意。

钱给得不多，要求倒是挺多，反正我的水平就到这儿了，他们要是对这版还不满意，就另请高明吧！
行，你都这么说了，那咱们就“开摆”！
旁白：小 A 的新方案没什么突破，客户非常不满，取消了合作。
咱们要是一直待在舒适区，能有什么进步？现在正是一个好机会，咱们要是能让这么挑剔的客户都满意，业务水平肯定更上一层楼！
你说得对，他提的几个要求涉及的东西还挺前沿的，对咱们来说也是一个学习机会！
旁白：小 A 的团队通过研究学习，不停打磨方案，终于达到了客户的要求，业界口碑一下子得到了大幅度提升。

困难不仅是困难，也可能是一个让自己成长的机会。出现新问题时不要慌乱，重要的是把问题解决，在解决问题的过程中学习新东西、积累新经验，提升自己解决事情的能力。

TIPS 小贴士

1. 积极面对问题和困难，不要慌乱和逃避，要坚定意志，保持毅力。
2. 要保持敏锐的眼光和开放的思维，发现问题中所蕴含的机会，并及时抓住机会，实现自己的目标。
3. 从容不迫，放平心态，把当下的问题看作人生的体验。

摆脱惯性思维，不盲从“常理”

穷则变，变则通，通则久。灵活应变，才能路路畅通。没有做不到的事，只有不会变通的人。愚直的人固执守旧，聪明人却懂得改变一以贯之的做法，去拥抱变化。

1. 别被“当下”困住了眼界

“电话之父”贝尔原是语音学教授。修理电器时的偶然发现让他开始思考是否能以电传送语音。

能用电传送语音甚至发明电话吗？
真是异想天开，不懂电学的人才会有如此奇怪的想法。

旁白：贝尔没有放弃，而是千里迢迢前往华盛顿向电学专家约瑟夫·亨利请教。

你的想法很棒，来学习电学知识吧！
有了您的肯定，我更加坚定了要把自己的想法变成现实的决心！

旁白：贝尔刻苦用功地学习电学知识。两年后，世界上第一部电话由贝尔试验成功。

爱迪生曾说过：“天才就是百分之一的灵感加上百分之九十九的汗水”。正是因为他们坚持了那些常人认为不可能实现的想法，才成就了今日科技的辉煌。作为一个有远大抱负的人，我们不应被“当下”困住眼界，应该学会放眼未来，为实现更崇高的目标而努力。

2. 跳出思维框架

小A是机械制造厂的工程师，最近公司生产效率低下，为此他开始寻找解决方案，并寻求上司B总的支持。

B总，最近我们厂产能效率低下，您看是不是可以增加几台设备，再招点人啊？否则怕是不能准时交货啊！
你考虑得是，这笔订单很重要，我这就联系采购部和人事部，让他们尽快落实。
旁白：小A按照惯常的逻辑，认为扩大生产就能解决问题。但最终这一招并没有奏效，工厂增加了投入却仍然误了交货日期，因此蒙受巨大损失，小A也因工作不力被降职。

B总，我最近这几天和同事们沟通交流，发现是生产过程中的信息传递不畅，导致生产线的协调出现问题，这是我根据实际情况设计出来的新的生产管理系统。我们接下来按照这个来运行怎么样？
找到问题的源头就好，那我现在就安排下去，让他们尽快落实。
旁白：小A找到了问题的根源，他设计的新系统极大地提高了生产效率，最终订单顺利完成，小A也荣升副总工程师。

“常理”是从普遍的现象中总结出来的道理，然而常理就一定是真理吗？我们在实际的处事过程中，若是能跳出思维框架，具体问题具体分析，往往能收到意想不到的惊喜。

TIPS 小贴士

1. 要保持开放的心态去接受新的观点和思想，不要局限于自己已经形成的固定思维框架。
2. 保持持续学习的态度。通过读书、参加培训、参与讨论和交流等方式不断充实自己的知识，不断拓展自己的思维边界。

吃亏是福，占便宜是祸

在人生道路上，我们总会遇到各种吃亏和占便宜的情况，然而，这两种经历所带来的结果却往往出人意料。适当的吃亏可以让我们成长、积累经验，而占便宜则可能导致人际关系的破裂和信任的丧失。

1. 不计较小利，才能留住人心

小A和小B各开了一家牛肉面馆。

牛肉面馆
面里的牛肉怎么一次比一次少啊，二十几块钱就只有一片牛肉吗？
物价涨得快，我也没办法。

旁白：小A以物价上涨为借口，大肆偷工减料，引起顾客不满，生意越来越差。

牛肉面馆
最近物价涨了，你家的面里还有这么多肉呀！
嘿嘿，我少赚点而已，又赔不了本，你们吃得高兴就好。

旁白：大家都把小B的真诚看在眼里，面馆的生意越来越红火。

过于斤斤计较的人，往往在事业和生活中都难以长久。真正的成功者，不会因小利而失去大局，更不会因小利而伤害他人。只有不计较小利，才能展现出宽广的胸怀和高尚的品质，赢得他人的尊重和信任。

2. 谨慎小便宜背后隐藏的大祸患

小 A 在一家金融公司工作，他个人对股票交易也很感兴趣。这天，他和同事小 B 在午休时聊天。

小A，咱们公司就是干金融的，以你的职务，搞点内幕消息不是易如反掌？
不瞒你说，我正有此意。

旁白： 小 A 回去后利用职务便利获取了公司的内幕信息，并用于个人股票交易，短期内获得了巨大利益。但不久后东窗事发，小 A 不仅失去了工作，还面临着法律的制裁。

小A，咱们公司就是干金融的，以你的职务，搞点内幕消息不是易如反掌？
当今社会是法治社会，你说话小心点儿。我是想赚钱，但还没到为了赚钱去踩着红线冒险的程度。

旁白： 小 A 清楚这种小便宜背后隐藏的巨大祸患，拒绝了小 B 的怂恿。后来，他凭借自己的能力和知识，也渐渐在股票市场上开拓了一番天地。

在工作中，我们应该时刻保持清醒的头脑，时刻警惕其中可能隐藏的风险和祸患，不要被小便宜迷惑。只有通过遵守规定、坚持职业道德和谨慎的工作态度，我们才能避免因小失大，确保工作的质量和效果，确保自己的职业发展不受损害。

TIPS 小贴士

1. 在商业活动中，与客户建立长期的合作关系比追求短期利益更为重要。提供优质的产品和服务，可以帮助你赢得客户的信任和忠诚。
2. 了解并遵守公司的规章制度，不要为了个人利益而违反规定。这包括不擅自拿用公司的物品、不私自使用公司的资源、不泄露公司的机密信息等。

意外可以是创意的温床

意外是一扇通往创新的门，它激发着我们的想象力和灵感，推动着我们超越既定的限制。意外的出现，或许是一个突如其来的挑战，但在它背后，往往蕴藏着重新思考的机会，能为创意的播种提供沃土。

1. 独特比完美更珍贵

某时装店的经理不小心将顾客定制的一条高档裙子烧了一个洞，她便找到设计师小 A 商量解决方案。

我今天不小心把这条裙子烧了一个洞，你想想该怎么办啊，距离交付还有不到两天的时间。
可以用织补法补救一下，但不能恢复到最初的样子。

旁白：织补法也只是蒙混过关，欺骗顾客。两天后，顾客看到裙子有瑕疵，当场投诉了这位经理。

我今天不小心把这条裙子烧了一个洞，你想想该怎么办啊，距离交付还有不到两天的时间。
我想一下。要不在小洞的周围再剪许多小洞，就像凤尾那样，精心修饰一下，问题应该不会太大。

旁白：小 A 突发奇想，精心设计，将裙子命名为“凤尾裙”，得到了顾客的好评。一下子，“凤尾裙”销路打开了，该时装商店也出了名。

独特比完美更珍贵，因为它代表了创新和个性。完美可能是一种理想，但独特却是现实中的宝藏。无论是艺术作品，还是普通产品，独特性都能让其脱颖而出，成为无法复制的存在。

2. 创意比技术更难得

小 A 从事雕塑行业，为了在某次比赛中取得好成绩，他废寝忘食地努力了一周，终于做出了满意的作品，结果却因为失误把还没干的雕塑掉到了地上。

啊！天哪！我的心血！我的学分！

旁白：小 A 崩溃过后，将这个作品丢到一边，连夜又做了一个，可惜因为太过仓促，效果并不好，并没有得到理想的名次。

这次最佳作品是小A的《挤公交》，这个作品形象传神，表情生动，值得大家学习。

旁白：出现意外后，小 A 没有急着做新雕塑，而是根据雕塑现有的状态，灵活调整了自己的作品思路，没想到效果奇佳，赢得了评委的青睐。

创意是思维的火花，是创新的源泉，它能够为技术带来生命和灵魂。一个优秀的创意可以引领技术走向新的领域，为人类带来前所未有的便利和体验。而技术，如果没有创意的指导，就可能变得平庸和乏味。

TIPS 小贴士

1. 对意外保持开放和接受的态度，不要立即将其视为问题或障碍，而是尝试从中寻找潜在的机会和可能性。
2. 将不同的意外情况进行关联，探索它们之间可能的联系。有时候，将这些看似不相关的元素结合在一起，可以产生意想不到的创意火花。

工作不是你生活的全部

工作尽管对于我们非常重要，但是也不应占据全部生活。只有在身体健康的基础上，我们才能更好地投入工作、学习和生活中，实现自己的价值和目标。我们的生活才能更加丰富多彩，人生才能更加充实。

1. 稳扎稳打，不惧从头开始

小A因为工作能力强得到了一份高薪工作，结果下一年公司破产，所有的员工都被解雇。朋友小B担心他，便给他打了电话。

小A，工作没了还可以找，如果手头困难，你可以告诉我。
哈哈，工作没了，又不是能力和经验没了。正好趁这段时间好好休息一下，工作还可以再找嘛！
旁白：小A出去旅行了一段时间，回来重新投递简历，很快又上岗了。

不怕从头开始，是一种积极向上、勇敢面对挑战的人生态度。工作中，我们可能会遇到很多困难和挫折，有时候需要放弃过去的成就重新开始。拥有不怕从头开始的心态，可以帮助我们更快地走出困境，重新找到自己的方向。

2. 劳逸结合，身体健康最重要

小A因为头晕恶心去了医院，经检查，他的消化系统和腰椎间盘都出了问题。

你的身体已经差到极致，你是不是平时很劳累？
我已经连续加班半年了，要赶一个项目，每晚12点才能到家……

旁白：医生给小A开了一些药，并叮嘱他好好休息，但小A的大脑一直处于紧张状态，难以入睡。朋友小B来看望他。

我现在一闭眼就好像身在办公室，耳边都是企业微信通知的声音……
工作只是你人生的一部分，为何让它挤占你全部的生活呢？现在已经严重影响你的健康了。

旁白：小A辞了职，好好休养了一段时间。

我们要合理安排工作和休息的时间，以确保身体得到充分的休息和恢复。长时间工作，不仅会导致身体疲劳，还可能引发各种健康问题，甚至危及生命。身体健康是实现人生目标和幸福生活的基础，我们应该珍惜和呵护自己的健康，以便拥有更好的生活质量。

TIPS 小贴士

1. 重新开始是我们成长和进步的必要过程。在这个过程中，要相信自己有能力面对困难和挑战，要保持乐观。
2. 调整心态，明白“人生不如意之事十之八九”。放下过去，相信自己有重新开始的能力。
3. 定期锻炼和体检，保持身体健康，保持精力，以便更好地生活和工作。

第二章 职场求存，笑到最后的人究竟高明在哪

不要生活在他人的目光里

在工作中，过于在乎别人的眼光会让我们活得很累，甚至会阻碍我们的成长和进步。试着摆脱对他人评价的过度依赖，多关注自己的内在和优势，可以帮我们成为更好的自己。

1. 吃你的葡萄，让别人酸去吧

小 A 谈成了一笔大单子，下班时，同事小 B 叫住了他。

小A，你这一单拿了不少提成吧？不请我们吃顿大餐庆祝一下？
好吧，那大家先别走，我请大家去吃烤鱼。

旁白：小 A 因为害怕同事嫉妒才请客，没想到同事反而觉得他是在炫耀。小 A 为此很烦闷，一连几天工作都不在状态。

小A，你这一单拿了不少提成吧？不请我们吃顿大餐庆祝一下？
说笑了吧小B，我也就这单多拿了点，大家应该不缺我这一顿饭。待会儿我约了客户谈生意，先走了哈。

旁白：小 A 并不在意小 B 带着酸意的话，他把所有的注意力都放在工作上，每个月的业绩都遥遥领先。

职场上，并非每个人都是友善无私的，当我们取得一定的成绩，被他人嫉妒、讽刺时，要学会调整自己的心态，保持内心平静，不让他人的情绪左右自己的选择。这样，我们才能更好地专注于自我提升，实现自己的人生目标。

2. 别让他人影响你的心情

小 A 体态丰腴，发工资后，她买了一条连衣裙，同事小 B 站在她的旁边，打量了她一番。

天哪，你就不能减下肥吗？这件连衣裙被你穿得像是孕妇装！你还是穿T恤遮遮身上的肉吧！
啊？不好意思，今天太热了……

旁白：小 B 的话让小 A 陷入了自我怀疑，回家后向朋友大哭一场，还为此消沉了好几天。

天哪，你就不能减下肥吗？这件连衣裙被你穿得像是孕妇装！你还是穿T恤遮遮身上的肉吧！
我穿什么、穿出来是什么效果影响到你了吗？而且我们只是同事关系，你没资格要求我穿什么衣服。

旁白：小 B 被驳得哑口无言，脸憋得通红，匆忙低下头看文件了。小 A 也没有将这件事放在心里，回家后约了朋友看电影。

我们无法选择自己的容貌，却常常因容貌被人定义“美丑”，从而忽略了自己的内在价值。其实，真正的美丽源于自我认可和自信。当我们坚定地走自己的路，不受他人眼光左右时，我们就能绽放出独一无二的光彩。

TIPS 小贴士

1. 学会独立判断事物，形成自己的观点，不过分受他人意见左右。
2. 根据自己的目标，不断激励自己，保持对自我提升的热情和动力。
3. 要与积极向上、心态良好的人为伍，避免与消极的人过多接触。

摆脱自我限制，不要框定自己

缩在壳子里固然舒服，却永远不能看到外面美丽的风景。我们要打破思维定式，勇敢地挑战自己的极限，这样才能更好地挖掘自己的潜能。

1. 主动争取，抓住机会

小A去应聘一家房地产公司的主管一职。由于待遇丰厚，该公司的接待大厅被应聘者挤得水泄不通，负责人焦头烂额，无法维持秩序。

我感冒了，大家都听不到我说话。
请大家自觉遵守秩序！前来应聘的人排成3排，把简历放到我面前！

旁白：站在负责人身边的小A主动站出来帮忙，很快就将简历全部收了上来。

多亏了你，我们公司就需要你这种主动积极的员工。
能帮到您就好。

旁白：负责人将小A的行为看在眼里，与其他面试官一起看过小A的简历之后，当即决定录用。

总有人愿意成为第一个尝试的人，他们勇于挑战未知，敢于尝试创新。在生活中，机会往往留给有准备的人。只有主动去寻找、去争取，才有可能抓住机会。当我们积极地投入工作、学习和生活中，对周围的事物保持敏锐的洞察力，我们才能及时发现并利用好每一个有利于自己成长的机会。

2. 扔掉“可是”这个借口

小 A 毕业后开了一家广告公司，开张一个月却没有任何业绩。这天，朋友小 B 来找他。

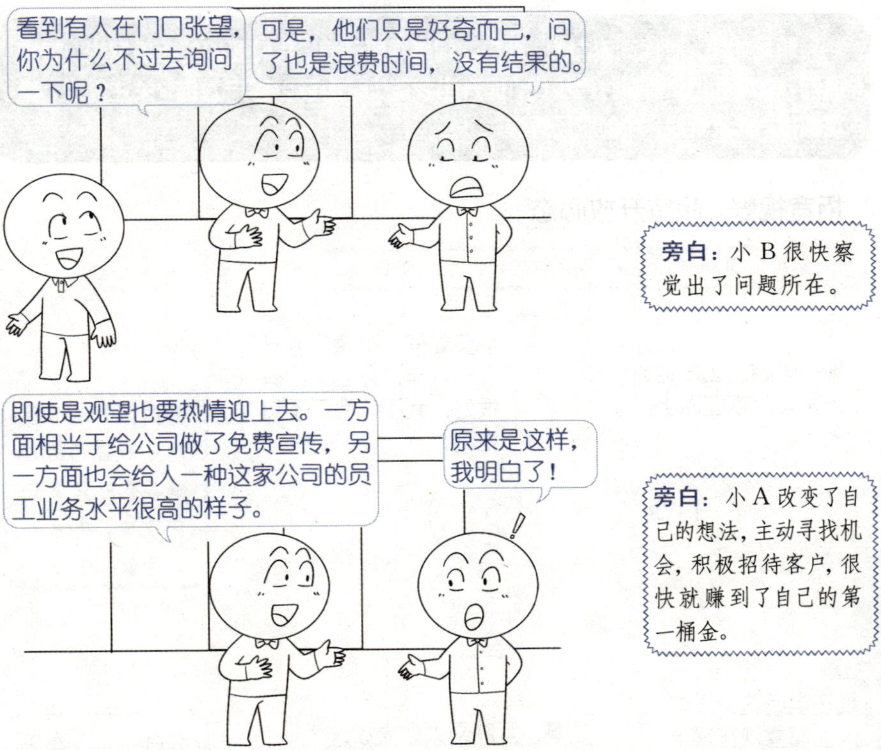
看到有人在门口张望，你为什么不过去询问一下呢？
可是，他们只是好奇而已，问了也是浪费时间，没有结果的。
旁白：小 B 很快察觉出了问题所在。
即使是观望也要热情迎上去。一方面相当于给公司做了免费宣传，另一方面也会给人一种这家公司的员工业务水平很高的样子。
原来是这样，我明白了！
旁白：小 A 改变了自己的想法，主动寻找机会，积极招待客户，很快就赚到了自己的第一桶金。

我们需要克服内心的恐惧和犹豫，扔掉“可是”这个借口，勇敢地去尝试和行动。这有助于我们不断突破自己的舒适区，不断提高自己的能力。在此过程中，我们也需要明确自己的目标和方向，制订具体的计划和策略，坚定地执行和推进。

TIPS 小贴士

1. 凡事都需要有人第一个做，做“出头鸟”没什么好怕的。
2. 要不断地学习新的知识和技能，提高自己的综合素质。因为学习可以让我们拓宽视野，打破思维定式，提高自己的能力。
3. 锻炼洞察力和行动力，保持积极主动、自我驱动的精神和态度，不浪费每一个机会，方能成就自己的人生。

把握潮流，顺应时代趋势

职场如海，时代潮流为浪，顺应之则是乘风破浪。我们要如舵手般敏锐，感知风向，乘风而行，紧跟时代步伐，提升自我能力。也要以客户为锚，关注需求，稳定前行，劈波斩浪，共创职场辉煌。

1. 拓宽视野，保持开放心态

小A在某商场里开了一家服装店，近来生意惨淡。

现在电商这么发达，大家都喜欢在网上买衣服了。
那又如何？这家店我开了十几年，在当地口碑很好，我不信会干不过电商！

旁白：小A固执地守着自己的店铺，不打算做任何改变，生意一日不如一日。

现在电商这么发达，大家都喜欢在网上买衣服了。
是啊，互联网太强大了，我也得赶紧做出改变。

旁白：小A在店里做起了直播，线上、线下同时进行销售，利润比之前翻了好几番。

职场是一个充满变数和挑战的舞台，拓宽视野、保持开放心态是我们在其中立足和发展的关键。我们要保持乐观的心态，勇于尝试新方法和新思路，不断突破自我。这样，我们才能在职场中不断成长、取得成功。

2. 与时俱进，抓住当下热点

由于行业竞争激烈，小A的货运公司业绩惨淡，上司小B让他们每人必须想一个营销方案，在公司内部会议上汇报。

我们可以找明星给我们代言，来提高我们品牌的知名度，只要让消费者看到，我们还怕没销量吗？
本来我们的业绩就惨淡，再找明星代言，那全公司就得去喝西北风了。

旁白：小A的提议不现实，当场就被小B给否决了，为此他不得不重新想方案。

现在短视频这么发达，我们也可以拍视频啊。我这儿有一个想法，婚姻是人生大事，也是普通大众关心的事情，我们可以以旅游结婚为主题，拍新婚夫妇在货车上度蜜月的短视频，肯定会吸引人的眼球。
嗯，这个提议不错，那我们就赶紧准备吧！

旁白：小B的提议在公司内部全票通过，视频一经发布确实吸引了很多观众，公司知名度大涨，随后接到了很多订单。

在创新和变革的浪潮中，我们要敢于尝试，勇于突破，不断更新自己的知识库和技能。同时，我们要关注时事新闻，了解社会潮流，将当下的热点融入我们的工作决策中。这样，我们才能在变幻莫测的职场环境中稳中求进，把握住每一个机遇。

TIPS 小贴士

1. 要对新技术和市场动态保持好奇心，积极探索尝试，保持竞争力和创新能力。
2. 勇于尝试新事物，同时保持风险意识，合理评估和规避潜在风险。
3. 将社会热点和趋势融入工作中，开发符合市场需求的新产品或服务。

站在风口，顺势成事

人们常说“时势变迁”，我们如何在变幻中把握机遇，抓住成功的“风筝线”呢？答曰：唯有顺势成事。物质的贫穷不是最可怕的，最可怕的是错失良机。积极思考、大胆开拓，将会给你带来意想不到的成功。

1. 事情有变化，行动要跟上

小A和小B相约到外地去做生意，他们首先抵达一个生产麻布的地方，一起把所有的钱换成了麻布。接着，他们到了一个盛产毛皮的地方，那里缺少麻布。

在我们故乡，毛皮比麻布更值钱，我们把麻布卖了，换成毛皮。
不了，我的麻布已经很安稳地捆在驴背上，要搬上搬下多么麻烦呀！

旁白：小A把麻布全换成毛皮，赚了一笔钱。小B依然只有一驴背的麻布。他们继续前进到一个生产药材的地方，那里正缺少毛皮和麻布。

药材在我们故乡是更值钱的东西，你把麻布卖了，我把毛皮卖了，换成药材带回故乡一定能赚大钱的。
不不！我的麻布在驴背上很稳妥，我不想变来变去呀！

旁白：小A把毛皮都换成药材，又赚了一笔钱。最后回到家乡，小B卖了麻布，只得到蝇头小利，而小A不但赚了大钱，还拿钱做起了新的买卖，成了当地有名的富商。

在工作中，我们经常遇到计划赶不上变化的情况。这时候，我们需要灵活应对，及时调整行动方案，以适应新的情况。

2. 勇于踏入未知的河流

某年某地经济萧条，商人被迫贱卖自己的存货。技师小 A 却大量收购低价货物。

不要再买这些东西了！这些钱是给你结婚用的啊！
没关系，看着吧，3个月后我们就可以靠这些廉价货物发大财了。

旁白：不久，货物贱卖也找不到买主了，商人便把存货运走烧掉。后来当地因为商品紧缺而物价飞涨，小 A 趁机把库存抛售了出去。

先不急把货卖出去吧，我看物价还在涨呢。
是抛售的时候了，再拖延一段时间，就会后悔莫及。

旁白：小 A 的存货刚售完，物价便跌了下来，他用赚来的钱开了 5 家商店，成了当地有名的富商。

人生就像是一条河流，充满了无数的未知与挑战。我们无法预知未来，唯一能做的就是勇敢地踏入这条河流，去探索、去发现、去成长。踏入未知的河流，意味着要面对风险与不确定性。我们需要有足够的勇气去面对困难，有坚定的信念去追求目标，有灵活的智慧去应对变化。

TIPS 小贴士

1. 要关注时代发展的大趋势，洞察其中的机遇。了解国家和世界的发展方向，找到适合自己发展的领域和行业，顺应潮流，乘势而上。
2. 面对时代变革，要具备敏锐的洞察力，及时发现问题，主动适应新的环境和形势。

摆脱平庸，发扬匠心精神

匠心精神是一种追求卓越、精益求精的精神。具备匠心精神的人往往注重每个细节，追求技能的完美，能够在专业领域脱颖而出。通过培养匠心精神，我们可以积极寻求新的解决方案，提升自己的能力，从而摆脱平庸，实现自我价值。

1. 细节成就卓越

小A在某快餐店烤汉堡，每天都很快乐。

你从事这样单调乏味的工作，为什么还这么开心？
烤汉堡也有很多值得研究的学问啊，比如面包烤几分钟口感最好、肉饼和酱料怎么搭配有惊喜……把每个细节都做好了，顾客吃得开心，我也有成就感。

旁白：来吃汉堡的人越来越多，不久，小A就被晋升为副店长了。

在许多领域，细节都是决定成败的关键因素，因为它体现了一个人对品质的追求和对工作的严谨态度。在生产和制造领域，注重细节可以确保产品质量，提高客户满意度，从而为公司赢得更多的市场份额。在工作中，注重细节可以让一个人展现出认真负责、一丝不苟的形象，这样的形象将为我们赢得他人的尊重和信任，提高个人声誉，从而有助于个人事业的发展。

2. 自发主动地工作

小 A 是一名服务员。客人点菜时，他会用笔记本认真将对方的口味记下来。
白花这么多力气做什么啊？
我熟悉了常来的客人，也掌握了他们的口味。只要客人光临，他们就都会满意离去。有时候，我还可以让客人多点一道菜，为饭店增加收益。
旁白：小 B 依旧不以为然，小 A 也继续按照自己的方法做事。

我最近投资了一个新店，想邀请你来负责管理和培训员工，你还能拥有新店25%的股份。
旁白：凭着耐心和付出，小 A 最终成了这家大型餐饮企业的负责人。

“主动比别人多做一点”的态度往往能帮助我们在职场中取得更好的成绩。当你愿意比别人多做一点时，你会展现出更高的积极性和更强的责任心，也会获得更多的机会，同时也能赢得他人的尊重和认可，提升个人形象。

TIPS 小贴士

1. 在开发产品、提供服务和运营管理中，要确保每个小环节都达到高标准，提高客户体验。
2. 树立高远的目标，培养追求卓越的习惯。
3. 自觉是我们走向成功的通行证。在工作中，不仅要满足最低要求，还要主动提供额外的服务、寻求创造性的解决方案或者更加深入的分析，以展现你的专业性。

顺势不通，试试逆势而行

当在工作中遇到困难和挑战时，有时我们顺着思路可能无法找到合适的解决方案，这时逆向思维就变得非常重要。从另一个角度、站在不同的立场或采用全新的视角来分析问题，我们往往能够找到更好的解决方案。

1. 酒香也怕巷子深

在 1915 年的巴拿马万国博览会上，原本按计划展出的中国汾酒却无人问津，这使得在场的工作人员感到非常着急。

怎么会这样，展览马上结束了！
没关系，我有办法！

旁白：小 B 提着酒到展会最热闹的地方，装作不小心把酒摔在地上，下一秒，酒香四溢，大厅的人都被这酒香吸引过来。

这是什么名酒？怎么摔在地上了，好可惜啊。
这是我们中国的汾酒，虽然这瓶被摔碎了，但是我们展台还有几瓶，大家可以来看看。

旁白：人们纷纷前去品鉴汾酒，尝过后都赞不绝口。在这次博览会后，汾酒被评为一等优胜金质奖，从此声名远扬。

再好的东西，如果得不到有效的宣传和推广，也难以被人们发现和认可。在竞争日益激烈的现代社会，好的产品和服务需要抓住机会。通过有效的营销策略和渠道进行推广，才能吸引到更多的用户。如果仅依靠口碑，其传播速度和范围可能会受到限制。

2. 从问题根源处翻转

小 A 是一名摄影师，每次拍摄集体照数到“三”时，总有很多顾客闭眼。

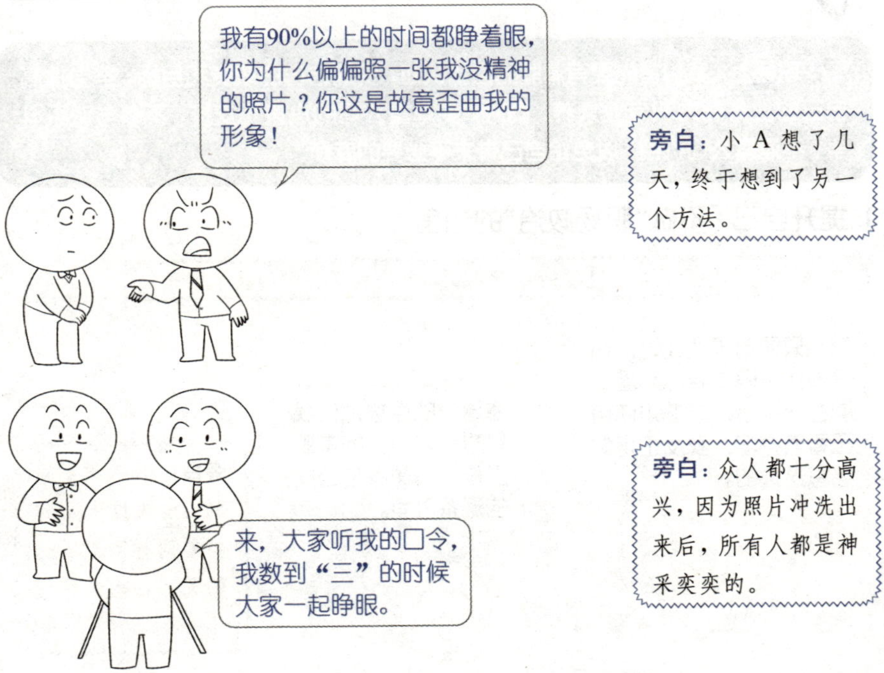
我有90%以上的时间都睁着眼，你为什么偏偏照一张我没精神的照片？你这是故意歪曲我的形象！
旁白：小 A 想了几天，终于想到了另一个方法。
旁白：众人都十分高兴，因为照片冲洗出来后，所有人都是神采奕奕的。
来，大家听我的口令，我数到“三”的时候大家一起睁眼。

面对无解的难题，不妨深入探寻、思考其形成的原因，在源头上下功夫，才能改变问题形成的条件，将现存问题一举解决。

TIPS 小贴士

1. 思考现有方案的不足之处，尝试创造性地找到更好的解决方案。
2. 企业和个人只有不断创新营销策略，提高品牌知名度，才能在市场中脱颖而出。
3. 打破常规，巧妙变通，如果被思维困住，不如倒置问题。

比起“有所为”，“有所不为”更关键

职场上，我们首先要有清醒的自我认知，明确自己的职责和目标，努力提高自己的业务能力和专业素养。同时，要尊重公司的决策和安排，不参与派系斗争、不泄露公司机密，以免给自己带来不必要的麻烦。

1. 提升自己，不做“职场政治”的池鱼

小A刚大学毕业，凭着过硬的专业知识，很快成了公司的技术骨干。

你别只顾着干活儿呀，你没看出来吗？老总和副总面合心不合，站哪边你自己看着办吧，我反正是站老总这边的。
谢谢您的点拨，但我只想做好自己的本职工作，不想参与公司的派系斗争。
旁白：小A说到做到，和两位上司保持着同样不近不远的关系，就这样过了一年。

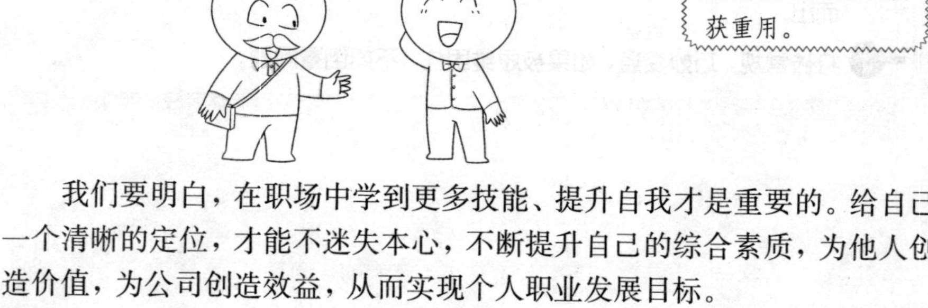
老总辞职了，副总上位，我也得走了。如果当初我像你一样，不参与这些是非……
城门失火，殃及池鱼，下次记得游远点！
旁白：小A继续勤勤恳恳地工作，屡获重用。

我们要明白，在职场中学到更多技能、提升自我才是重要的。给自己一个清晰的定位，才能不迷失本心，不断提升自己的综合素质，为他人创造价值，为公司创造效益，从而实现个人职业发展目标。

2. 表忠心有正途，不必“背刺”老东家

小 A 是一家网络公司的技术总监，由于公司变动发展方向，他决定跳槽。这天，他来参加某企业的面试。

我听说你在之前的公司开发过一个大财务应用软件，我们也在策划这方面的工作，你能否透露一些原来公司的情况？
当然可以，我这里有详细的资料，反正我已经不在原公司干了，待会儿我就把资料全部打包发您。
旁白：面试人员听完他的话，面露不悦，草草问了几个问题就把他打发走了，小 A 百思不得其解。

我听说你在之前的公司开发过一个大财务应用软件，我们也在策划这方面的工作，你能否透露一些原来公司的情况？
恕我无可奉告，在我看来，市场竞争应该是公平的，而且我能有今日的能力，前公司功不可没，做人应该懂得感恩。
旁白：小 A 离开了面试的公司，几天后，他收到了这家公司的录取通知。

对原公司进行负面评价或泄露公司机密等不当行为，首先会影响个人声誉，让别人觉得你不忠诚；其次会限制自己的职业发展，甚至会引发法律纠纷，破坏整个行业的公平竞争。我们应遵守职业道德，保护原公司的商业机密。

TIPS 小贴士

1. 提高敏感度。职场中要着眼于自己的工作和能力的提升，避免卷入斗争。
2. 与同事保持良好的沟通和协作，建立良好的人际关系。
3. 保持理智，遵守职业道德，不做损害公司利益的事情，不泄露公司机密。

别让短板限制了你的发挥

每个人都有自己的短板，这些短板有时候会让我们感到自卑，限制我们的发挥。但是，我们要明白，短板并不是我们的全部，我们还有无数的长处和潜力等待发掘。只要我们勇敢面对自己的短板，努力去克服和改善，就能让它们不再成为我们的束缚。

1. 各尽其能，借用别人的优势

小A和小B各开了一家公司，他们都想开拓手机市场。

我的公司做的产品是业内顶尖水平，但是因运营不善导致亏损严重。
我的公司在营销方面倒是不缺人才，就是经常被人诟病原创性差。
旁白：两人畅谈之后决定进行合作，双方将自身的优势都发挥了出来。
自从合作后，咱们的品牌排名直接冲到了国内前三，真是意想不到啊！
是啊，以后咱们还要继续强强联手，进一步把品牌做大做强！

当面对挑战和困难时，我们要懂得向他人寻求帮助，借鉴他们的经验和技巧。同时，我们也要善于发现自己的长处，并充分利用它们来为团队和他人带来价值。在这个过程中，我们不仅能够不断提升自己，还能够与他人共同成长，一起迈向成功。

2. 自我提升，实现个人成长

小 A 毕业于某高校的文学专业，写作水平很高，但他平时较为沉默，很少与人沟通。

小A，今天下午咱们部门要开会，每个人都要发言，你提前总结总结最近工作中的问题，到时候大家一起讨论。
有这个必要吗？
旁白：小 A 我行我素，不注意和其他同事同步信息，几次拖慢整体进度，引得其他同事很是不满，自己也再难取得进步。

小A，今天下午咱们部门要开会，每个人都要发言，你提前总结总结最近工作中的问题，到时候大家一起讨论。
好，谢谢你的提醒，我确实有几个问题需要请大家提点建议。
旁白：小 A 知道沟通是自己的短板，因此主动做出改变，努力融入团队。时间一久，他逐渐和大家打成了一片，工作能力也稳步提升。

短板为我们提供了个人成长的空间和机会。只有不断地去弥补短板，才能让自己变得更完善、更强大。在这个过程中，我们要保持积极的心态，勇敢地面对挑战，不断地挑战自己的极限，以成为更好的自己。

TIPS 小贴士

1. 不要害怕寻求他人的反馈。通过反馈，你可以了解自己在哪些方面做得不好，然后有针对性地进行改进。
2. 自我提升是一个长期的过程，需要耐心和毅力。不要期望一夜之间就能改变你的短板，持续的努力和时间投入是关键。

工欲善其事，必先利其器

在工作中，我们需要及时审视自己的方法和策略。如果发现方法错了，就一定要做出调整和改变，南辕北辙只会让我们离目标越来越远。同时，我们也需要不断学习和探索，寻求更加有效的方法来提高自己的工作效率。

1. 不要在“硬件”上吝啬

某公司主营传媒方向的业务，平时员工使用电脑时间较长，小A是公司的经理。

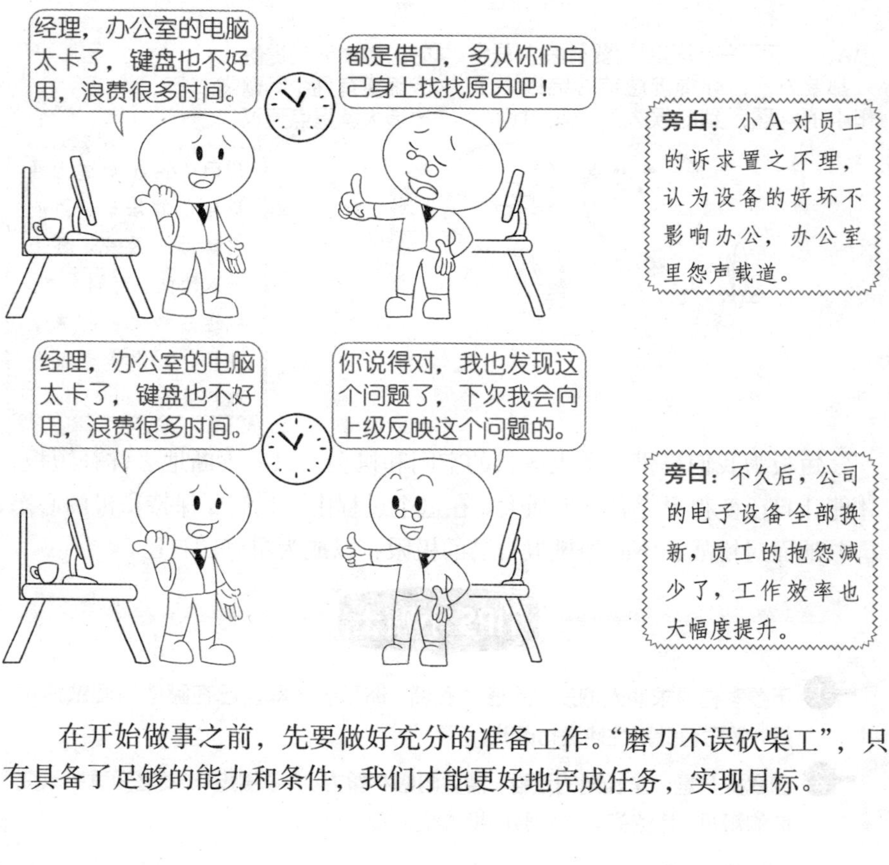
经理，办公室的电脑太卡了，键盘也不好用，浪费很多时间。
都是借口，多从你们自己身上找找原因吧！
旁白：小A对员工的诉求置之不理，认为设备的好坏不影响办公，办公室里怨声载道。
经理，办公室的电脑太卡了，键盘也不好用，浪费很多时间。
你说得对，我也发现这个问题了，下次我会向上级反映这个问题的。
旁白：不久后，公司的电子设备全部换新，员工的抱怨减少了，工作效率也大幅度提升。

在开始做事之前，先要做好充分的准备工作。“磨刀不误砍柴工”，只有具备了足够的能力和条件，我们才能更好地完成任务，实现目标。

2. 善用新科技，提高效率

小 A 是公司质检部门的员工，近期客户订单量大幅度上升。

小A，你都连续加班几天了，这批货还没检验完吗？
别提了，我快要累吐血了，再干3天也干不完！

旁白：小 A 为了完成任务，连续加了一星期的班，累得身心俱疲。

小A，这么快就把活儿干完啦，好厉害啊！
哈哈哈，咱们公司的机器新装了AI系统，能及时发现不少问题呢，给我省去很多力气！

旁白：在 AI 系统的协助下，小 A 很快完成了任务，且完成质量比原来更好。

在当今信息时代，科技的运用已经成了提高工作效率的重要手段。我们应该善用新科技，将其融入日常工作中，以提高效率。

TIPS 小贴士

1. 要想做好一件事情，首先要具备合适的工具和方法。在职场中，我们需要不断更新自己的技能和知识，以更快、更好地完成工作。
2. 既要坚持不懈地投入工作，也要积极寻求正确的方法，否则只一味埋头苦干，最后可能完不成目标。

保持自信，也要懂得谦逊

在职场中，自信和谦逊是两种看似矛盾但又至关重要的品质。自信能够帮助我们勇往直前，展现出自己的能力和价值；而谦逊则能让我们认识到自己的不足，不断学习和进步。要想在职场中脱颖而出，就需要找到自信与谦逊的平衡点，既不过于自大，也不过于自谦。这样，我们才能在激烈的竞争中站稳脚跟。

1. 自信坚持，取得成功

在一家大型企业，员工小A充满激情地讲述自己的想法，但遭到了上级B总的否定。

你这个想法还行，但是看起来实践性很差，推行难度太大了，算了。
嗯……好吧，谢谢B总。

旁白：小A很沮丧，感觉自己被否定了，工作也没了热情，觉得自己在这里不会再有发展，不久后就离职了。

你这个想法还行，但是看起来实践性很差，推行难度太大了，算了。
谢谢B总指点，我还有一些想法，比如……

旁白：小A依然坚持表达了自己的想法。会后，几个赞同他的同事与他讨论许久，商议出了一套不错的方案，几人依此方案做出了成果，受到了公司的嘉奖。

我们的想法难免会受到他人质疑和否定，但拥有积极的思维方式，能够化压力为动力，让不可能变为可能，在挑战中实现自己的价值。通过改变思维方式，我们改变看待世界的方式，进而改变对世界的认知和反应模式。

2. 指手画脚惹人厌

小 A 凭借优异的学业成绩和面试中的出色表现，得到了一份不错的工作。

你为什么要这样做呢？先做那个不是更好吗？根据我的专业和经验，你应该先那样再这样，听我的，你的做法不对。
麻烦你先做好自己的事情再来管我！

旁白：小 A 觉得自己天赋过人，仍旧改不了指手画脚的习惯，试用期没过就被解雇了。

你做事真有逻辑，但是我有点不明白为什么要先做这件事，你可以给我讲一下，让我学习学习吗？
当然可以，你太谦虚啦。

旁白：小 A 低调好学，做事踏实，赢得了上司和同事的一致好评，提前转正了。

我们应该时刻保持谦虚的态度，尊重他人。在他人面前表现出高人一等的姿态，对别人的言行指指点点，会引起他人的厌恶。

TIPS 小贴士

1. 我们要有面对否定也要输出自己的观点的自信和勇气。在提出想法之前，要做好研究，确保你的观点有据可依，这样在被否定时，也有足够的理由和信心去坚持。
2. 每个人都有自己的职责和专长，尝试理解他们的立场和做法，保持谦逊，避免越界。

调整步伐，着眼于长远胜利

在人生的舞台上，我们应该学会审时度势，适时调整自己的步伐。有时候，退一步是为了更好地前进。不贪图一时的胜利，而是着眼于长远的胜利，在适当的时候选择退出，是一种明智的做法。

1. 勇敢结束，大胆抉择

小A是某国乒乓球队主教练，带领团队连年斩获佳绩。

A教练，您的能力有目共睹，我们非常希望能够延长与您的聘用合同，希望您考虑一下。
谢谢您的信赖，但是我已经决定在世乒赛结束后辞职了。
旁白：小A的决定震惊了国民，各大媒体纷纷来采访他。

您的战绩如此辉煌，正是春风得意的时候，为什么选择在此时退出呢？
我很难激励自己和运动员去争取胜利了，乒乓球队需要更新，需要一个新人来领导。
旁白：小A经过一番分析和考虑，知道自己再难有突破，且在带领团队上越来越心力不足，因此选择急流勇退，让自己的职业口碑停在了最辉煌的时刻。

不要因为害怕失败而犹豫不决，勇敢地结束一个阶段，是为了更好地开始新的旅程。我们要学会在人生的激流中保持清醒，不被胜利冲昏头脑。勇敢地结束，是一种智慧，也是一种勇气。

2. 寻找新的兴趣和挑战

小 A 是公司的一名财务人员，因为长期承受压力，他选择了辞职。某日，同事小 B 来家中拜访他。

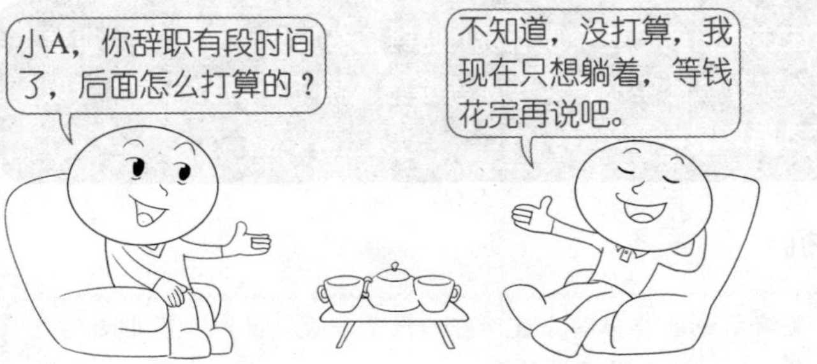
小A，你辞职有段时间了，后面怎么打算的？
不知道，没打算，我现在只想躺着，等钱花完再说吧。

旁白：小 A 每天都躺在家里打游戏，等他反应过来时，他手上的余额已经连房租都负担不起了。

小A，你辞职有段时间了，后面怎么打算的？
我报了注册会计师的课程，准备明年冲一把，给自己准备更大的就业空间。

旁白：小 A 休息了一段时间，便重整旗鼓，开始积极学习，提升自己的能力，后续找到了一份满意的工作。

职场如同一片广袤的海洋，退去旧日的波涛，新的海域正等待我们去探索。我们可以将过去的经验作为新征程的基石，勇敢地迈向未知。每一次的挑战都是一次成长，人生因不断尝试而丰富。

TIPS 小贴士

1. 勇敢面对现实和自己的情况，果断做出决策。犹豫不决只会浪费时间，而急流勇退则可以帮助我们减少无谓的损失。
2. 我们要积极开拓新领域，不断充实自己的知识和技能，提高自己的竞争力，以更好地适应新的环境和需求。

面对危机，应变有道

在职场中，我们往往会遇到一些突发状况，此时怎么应对就显得尤为重要。如果你慌慌张张，那么你在慌乱中的言谈举止只会给人留下不好的印象，所以，沉着冷静地随机应变才能彰显你的风范。

1. 随机应变化解危机

展销会上，销售小A要演示一款防摔钢化玻璃杯的坚固程度。但他一不小心将一个有瑕疵的杯子扔在了地上，杯子瞬间被摔碎。

不好意思，这是个失误，我们换一个再试一下。
钢化
玻璃
旁白：小A的演示让潜在客户们对这款产品失去了信心。

各位看到了吧？像这种残次品，我们厂都会像这样摔碎。接下来，我们换一个合格的杯子试一试。
钢化
玻璃
旁白：这一次的演示很成功，杯子掉在地上仍完好无损，小A成功签下数个大单，收获颇丰。

面对突发的紧急情况，千万不能慌张，要保持冷静，营造出一种“一切尽在掌控”的氛围，让他人认为意外也是你设计的桥段，由此便可以化危机为契机。

2. 沉着冷静化解危机

小A所在的公司卷入了一起财务纠纷案，霎时被推上舆论的风口。作为公司经理，小A今天已经接了十几通记者的电话。

您好，我是××报记者，想向贵司了解一下本次案件的信息。
不知道！不知道！你们这帮记者还要我说多少遍！

旁白：第二天，全网都是这段电话的录音，到处都是对小A的蛮横态度的评判以及对公司的口诛笔伐。因严重损伤公司形象，小A被总公司解雇。

您好，我是××报记者，想向贵司了解一下本次案件的信息。
您好，对于本次事件，我们正在积极配合有关方面的调查，我们内部也在进行调查。调查结束后，我们会向公众进行详细说明的。谢谢。

旁白：小A先稳住媒体，之后协调公关部维持公司声誉。调查结束后，小A所在的公司被证明是无辜的，小A成功保住了公司的声誉，得到了总公司的嘉奖。

面对职场中的突发状况，切勿大发脾气，这样只会落人口实。保持冷静、沉着应对，方能化解危机。

TIPS小贴士

1. 在面对危机时，首先要保持冷静，避免因恐慌或焦虑而做出冲动的决定。
2. 迅速评估当下状况的严重性和可能带来的影响，确定首要的解决方案。
3. 根据情况评估的结果，制订一个灵活的应对计划，包括短期和长期的应对措施。

媒体智谋，做好自我营销

在这个信息爆炸的时代，运用媒体做好自我营销，首先要明确自己的定位和目标，确定自己的独特卖点，找到与受众共鸣的点。其次要精心策划内容，利用各种媒体平台，向世界展示自己的才华和成果。最后要学会倾听受众的声音，与他们建立良好的互动关系，不断优化自己的营销策略。

1. 小心应对网络声音

小 A 是一名音乐创作人，最近他创作的歌曲被网友拿来拍成了各种搞笑短视频。某天，坐在他身边的助理小 B 也刷到了相关视频。

哈哈哈哈，你别说，网友们还挺有才的，这个视频播放量特别高，都冲到热榜前几了。
无聊！谁允许他们拿我的音乐这样恶搞了？我要给他们发律师函！
旁白：小 A 怒气冲冲地在社交平台上发布了谴责网友的文章，引起了大量网友的不悦，后续其流量也受到了影响。

哈哈哈哈，你别说，网友们还挺有才的，这个视频播放量特别高，都冲到热榜前几了。
是吗？音乐就是用来玩的，大家喜欢就好，我赶紧也拍一条跟跟风，蹭一下自己的热度！
旁白：小 A 的视频发布后，网友纷纷前来观看，热度不断升高，小 A 也被更多人看到了。

网络是一个开放的平台，人们可以自由地表达自己的观点和意见。我们应该保持冷静和理性，不要被一些负面的评论或批评影响，同时也要学会从中吸取有益的建议和意见，以便更好地提升自己。

2. 选择合适的话题

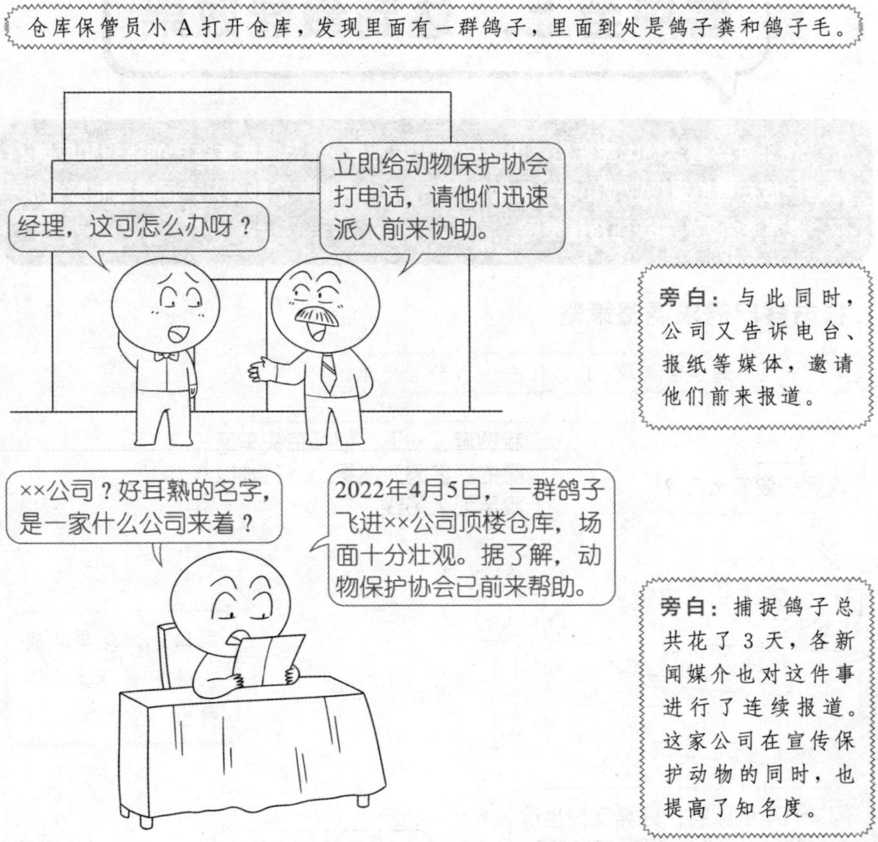
仓库保管员小A打开仓库，发现里面有一群鸽子，里面到处是鸽子粪和鸽子毛。
经理，这可怎么办呀？
立即给动物保护协会打电话，请他们迅速派人前来协助。
旁白：与此同时，公司又告诉电台、报纸等媒体，邀请他们前来报道。
××公司？好耳熟的名字，是一家什么公司来着？
2022年4月5日，一群鸽子飞进××公司顶楼仓库，场面十分壮观。据了解，动物保护协会已前来帮助。
旁白：捕捉鸽子总共花了3天，各新闻媒介也对这件事进行了连续报道。这家公司在宣传保护动物的同时，也提高了知名度。

为了吸引大众关注，我们在选择话题宣传时需要考虑话题的吸引力。比如，具有争议性的话题容易引发人们的好奇心，从而提高话题和企业的关注度，进而达到有效宣传的目的，促进企业的发展和壮大。

TIPS 小贴士

1. 面对“二创”要保持开放的心态。不妨选择合适的时机、搭乘某个话题的流量进行宣传，可以让我们事半功倍。
2. 可以选择与企业核心业务相关的话题进行宣传，以提高宣传的针对性。
3. 选择具有社会价值的话题进行宣传，借此提高企业的社会形象。

客户至上，达到最佳效果

企业在经营活动中需要始终以客户的需求为核心，及时关注客户的体验和反馈。把客户放在首位是企业成功的关键因素之一，这样有助于企业提升产品质量和服务水平，增强竞争力，实现可持续发展。

1. 根据客户需求调整策略

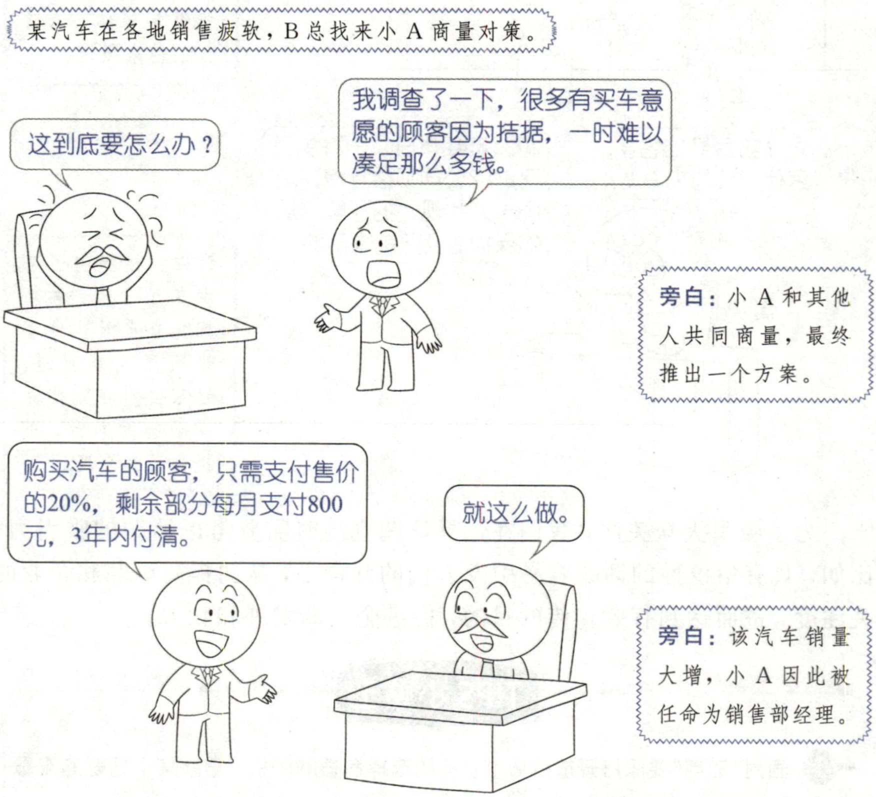
某汽车在各地销售疲软，B总找来小A商量对策。
这到底要怎么办？
我调查了一下，很多有买车意愿的顾客因为拮据，一时难以凑足那么多钱。
旁白：小A和其他人共同商量，最终推出一个方案。
购买汽车的顾客，只需支付售价的20%，剩余部分每月支付800元，3年内付清。
就这么做。
旁白：该汽车销量大增，小A因此被任命为销售部经理。

在市场竞争日益激烈的今天，关注客户需求、提升客户满意度已经成为企业脱颖而出的关键因素。只有深入了解客户的需求和期望，我们才能及时转变策略，为客户提供更好的产品和更加精准、贴心的服务，从而赢得客户的信任和支持。

2. 把主动权还给客户

小 A 是一个卖玻璃的业务员，第一年，他的销售业绩在公司排名第一。这天，公司举办年度表彰大会。

请小A同志上台分享一下销售经验。
其实我也没有什么技巧，只是准备了一把锤子，每次都敲几下给客户看。
旁白：第二年，大家都学会了这一招，公司业绩大幅增长。可是小 A 的业绩依然是公司的第一名。公司又举办了年度表彰大会。

今年，让我们再次请小A同志上台分享一下销售经验。
其实，今年相对去年，我只改变了一点点，就是将我带的锤子递给客户，让客户敲给我看。

让客户掌握主动权，就是让客户在亲身体验产品后自己进行购买决策。提供免费体验服务可以吸引更多客户，让客户亲身体验到产品的优势和价值，同时也可以直接了解到客户的需求和不想购入的原因，从而进行产品的调整，提高客户的满意度和信任度，促进产品销售和口碑传播。

TIPS 小贴士

1. 提供一对一的咨询服务、使用指南或售后服务，帮助客户解决使用过程中的问题和困难。
2. 让客户实际接触和使用产品，提供产品试用和体验服务。企业可以在门店或线上商城设置产品展示区，让客户亲身体验产品的外观、功能。

第三章 职场交际，有些事别随着性子来

多为他人着想，保全他人“面子”

在职场中，无论是上司的委托还是同事的求助，我们伸出援手，就会收到对方诚挚的感谢。然而，收下感谢并非简单的行为，我们还需要用巧妙的方式表达我们的谦虚与真诚。

1. 小事承大情

B总托小A帮忙带份早饭，事后B总转给小A 20元钱。

小A，早饭的20元钱我微信转给你了，你记得收下。
哎呀，B总，这才几个钱呀，就当请您了。

旁白：小A的话让B总误以为自己在下属心目中是个爱贪小便宜的人，之后便再也没有托小A办过事。

今天帮我早饭垫的钱，我转给你了，小A，记得收一下。
B总，您太客气了，帮您分忧跑腿是我分内的事。既然您让我收下，那我就只好恭敬不如从命了。

旁白：B总很满意小A说话的态度，之后有事也经常找他去办，一旦有什么好机会，B总也总想着他。

为上司处理琐事，看似微不足道，实则是难得的在上司面前展现自己的机会。有时候，一句机智的回答，既能够不让对方失了颜面，又能够给其留下深刻的印象。只要时刻留意，机会就在身边。正如俗话所说，机会往往就隐藏在生活的每一个角落。

2. 合理得回报

小 A 为了同事小 B 孩子入学的事东奔西跑，出了不少力。事后，小 B 给了小 A 一笔辛苦费。

这孩子马上要入学了，要不是你帮我，我还真不知道怎么办呢。这一笔辛苦费您收下吧。
小B，你这是干什么，咱们谁跟谁，你这不是拿我当外人吗？

旁白：小 A 因为人脉广、资源多，小 B 此后常找小 A 帮忙，也不再提辛苦费的事。小 A 没法拒绝，就只能白白出力，渐渐地对小 B 心生不满。

A哥，这回你可真是帮了大忙了，我们一家子都得好好谢谢你啊！这一点辛苦费您拿着，不多，算是我们一个心意。
小B啊！咱俩共事这么多年了，按道理这钱我不该拿的，但是我不拿就怕你心里过意不去，到时候再有事不好意思找我。所以这次我就先拿了，以后有事你尽管开口，能帮的，我一定给你办到！

旁白：小 A 合情合理地把钱收下，既让自己的付出获得了回报，又不影响两家今后的往来。

给别人帮忙，如果对方有适当的感谢，就心安理得地收下谢礼或谢金，这不仅是为了补偿自己的付出，也是为了双方长久的情谊。毕竟“亲兄弟，明算账”，先人流传的智慧必定经过了百代人的验证。

TIPS 小贴士

1. 为上司跑腿虽是小事，回答却不能疏忽大意，可以顺便表明一下心意。
2. 自己的付出是有价值的，并且应该得到合理的回报。不要因为觉得不好意思而拒绝回报，这样可能会导致不公平的交易关系。

苛求他人，等于孤立自己

当我们对他人要求过高或过于严格时，我们便很难与其建立深厚的关系，因为对方会感到与你相处有压力，进而选择远离你。人生在世，需学会宽容和理解，每个人都有自己的优点和不足，要学会接受不同的人。这样，你才能更好地与他人相处，自己的世界也会变得宽广起来。

1. 你微笑，世界也会跟着微笑

小A是印刷厂厂长，他平时总是绷着一张脸，动辄对员工大吼大叫。

老虎！
旁白：工厂出现经济危机，员工纷纷跳槽，小A进行了深刻反省。
B总，这个项目还请您多多关照。
第一眼见到你我就觉得特别投缘，你放心，这个项目包在我身上！
旁白：小A时刻提醒自己保持微笑，成功吸引了客户和合作伙伴的注意，很快便东山再起。

积极的情绪可以传染和影响他人。当我们微笑时，我们会感到更快乐和放松，同时也会把积极的能量和情感传递给他人。他人看到我们的微笑，也会感到愉快和舒适，感到被鼓励，从而可以积极表达自己的看法。

2. 学会倾听

B总是一个急性子的人，经常会忽视下属的意见，因此他和下属的关系不太好。

不好意思，B总，我们的项目出了一些问题，是因为……
小A，我记得之前就告诉过你，不要为自己的失误找借口，要为成功创造方法，这样才能变得更优秀。

B总，这次是因为你忘记在最后的合同上签字了，而且客户给你发邮件，你没有回复，所以他们才要约第二次商务会议。
哦，对不起，我下次一定听你说完，我以后也尽量克服我的缺点，我们一起进步！
旁白：同事们发现B总后来每次开会都能认真听下属的建议，他的团队也成了全公司凝聚力最强的团队。

认真倾听别人的看法，会让他人觉得自己被尊重，也能够帮助我们建立更加亲密和友好的人际关系，增加彼此的信任和理解。倾听可以帮助人们更好地理解对方的想法，促进团队协作。另外，接纳他人的想法，可以让自己养成宽容的心态，促进个人成长和发展。

TIPS 小贴士

1. 想要拉近与他人的关系，可以让自己多微笑。微笑可以影响别人的心情，从而增加沟通机会。
2. 学会倾听他人的意见和需求，尊重他们的观点。这样，他人才会愿意与你沟通。
3. 在对方讲述时，尽量避免打断对方，让对方有足够的时间表达自己的观点和感受。

把握时机，见机行事

变通是一种智慧。这种智慧体现在对事、对人、对物等进行的多角度思考上，能够帮助我们灵活找出最佳的应对方式。当今社会，应变能力是非常重要的，聪明的人一定是能够把握时机、顺应形势的人。

1. 领导让把半瓶茅台带回家怎么说

小A陪上司B总参加招待客户的饭局。临近散场时，桌上还剩半瓶茅台酒，B总想带走，但抹不开面子，便开口让小A带回去给他爸喝。

小A，这半瓶茅台给你爸带回去喝，都是自己人，别嫌弃。
好的，我替我爸谢过B总了。
旁白：B总本意是想自己带走，但小A会错了意。因为这件事，B总对小A的办事能力产生怀疑，不再重用他。

小A，这半瓶茅台带回去给你爸喝吧，扔了也是浪费。
感谢B总的关怀，我替我爸谢谢你。但我爸不喝酒，我给您放车上，一会您带回去，嫂子平时做个菜啥的，也能当个料酒用。
旁白：B总对小A的这番表现很满意，工作中也处处提点小A。

人际交往中有着诸多复杂的关系，这就需要我们在说话办事上都要“察言观色”，能够紧随事情态势发展，见机行事，这种功夫练得深厚了，就能恰到好处地解决好各种事。

2. 发现领导的错误怎么说

公司例会上，小 A 发现上司 B 总提供的项目报告数据有问题，便在临散会时抓住机会询问 B 总。

B总，我发现您提供的项目数据报告有问题。
哦，是吗？那你来办公室详细说说。
旁白：小 A 的大嗓门一喊，无异于当众给 B 总难堪，B 总当时未做任何表示，但之后的工作中，小 A 发现自己再也没有负责过大型项目，同事们也有意无意地躲着自己。

B总，我刚注意到您早上提供的项目报告中，有一个数据有问题，如果您同意的话，请给我个机会，重新核实一下数据。
嗯，这是我们接下来的重点项目，万万不能出问题，那就再重新核实一下吧。
旁白：小 A 默默跟在 B 总的身后，等人都散得差不多了，单独把自己的疑问告诉 B 总。他也凭借这次出色的表现，得到了晋升的机会。

“战而不胜，不如早退”。有时候，表面的退让只是一种策略，退一步，给对方留个面子，是为了追求更高的目标。有时做出一些退让，是善于变通之人的成熟表现。

TIPS 小贴士

1. 在饭局上，要注意领导的言外之意。他们可能不会直接表达自己的意思，而是通过间接的方式来传达，这就需要我们灵活调整自己的应对策略。
2. 在向领导指出错误时，要注意用词委婉，避免使用指责的语气。
3. 不要在公开场合或者他人面前直接指出上级的错误，这可能会让领导下不来台。要选择一个合适的时机，进行私下反馈。

情绪稳了，话才能说到点子上

在职场中，我们或多或少地都会遇到一些问题，或是工作难题，或是人际问题等。面对不同的问题，我们要学会转换视角，从新的视角进行分析和解决问题。有时，将自己的视角转为他人视角，将他人视角换为个人视角，反而能使问题更加快速、有效地解决。

1. 动之以情，晓之以理

小 A 的部门空降了一个领导小 B，小 B 既不懂技术，也不懂管理，还经常不愿放权，搞技术的下属们怨声载道。

B经理，你为什么越过我直接把命令下达给编程人员，这让我怎么干活啊？
我是领导，还是你是领导？你在教我做事吗？
旁白：两人不欢而散，事情也没有得到解决。

B经理，欢迎您来咱部门就职，我明白您的工作都是以公司的利益为出发点，但您可能还不太了解部门的特点，咱们搞技术的，只有足够专业地协调配合才能保证项目顺利进行……
小A啊，在管理方面我确实懂得不多，我早听说你是个人才，一直没机会详细了解你，现在看来，果然名不虚传呀！
旁白：此后，小 B 很少插手项目的具体事宜，小 A 得以大展拳脚，事业蒸蒸日上。

动之以情、晓之以理，是一种有效的沟通和说服方法。它可以引起对方的共鸣，使对方更容易理解我们的观点和立场。通过将道理与情感相结合，可以使对方在感性上接受我们的观点，同时在理性上也能认同我们的主张，有利于减少对方的抵触情绪，从而提高说服力，使沟通更加顺畅。

2. 用相同话题反问对方

小 A 和小 B 是同事。这天，他们在茶水间聊到了结婚的话题。

小A，你上次说今年结婚，这都几月了？
你什么意思？我结婚你比我还急？

旁白：两人不欢而散，小 A 也没有邀请小 B 参加婚礼。

小A，你上次说今年结婚，这都几月了？该不会……
小B，你这么着急吃我的喜糖啊？别急，下个月就吃上了！我什么时候能吃到你的喜糖啊？

旁白：小 A 巧妙地回答了小 B 的问题，拿回了聊天的主动权。小 B 此后对小 A 讲话也礼貌多了。

当他人刻意刁难你时，不要顺着他的思路去思考问题，要保持冷静，以免做出过激的反应。尝试从对方的话语和行为中分析其真实意图，然后将同样的问题回抛给对方，或许是一种不错的应对之道。

TIPS 小贴士

1. 请教问题时除了保持真诚的态度，还可以适当抬高对方的能力，或者强调对方在完成这项任务中的不可替代性，来增加获得帮助的机会。
2. 当对方的问题触及你的边界时，你不妨用一样的问题反问对方，让其意识到自己的行为越界了。

放低姿态，阐明意图

在与他人交流时，我们应该注意态度谦虚，倾听对方的意见，并真诚地表达自己的想法和意图。同时，在发现自己犯错时，要勇于承认并及时改正。通过这样的方式，我们能够更容易与他人建立和谐的关系，取得更好的交流效果。

1. 沉住气，把话想好再开口

小 A 代表公司去和另一个公司的 B 负责人洽谈项目。

这个策划案我已经私下征询了意见，可执行度很高，如果您没有异……
是这样的，我认为这个策划案有很多不合理的地方，根本不可能落地施行。我想了另外一个方案，效果肯定比这个好。

旁白： B 负责人很生气，后来取消了合作。

这个策划案我已经私下征询了意见，可执行度很高，如果大家没有异议的话，我们就进入下一个流程吧。
是这样的，您的计划考虑周全，步骤清晰，已经很完美了，我只有一点细节上的小建议，希望您能听一下。

旁白： B 负责人很高兴，耐心听取并采纳了小 A 的建议。

经过深思熟虑的话语往往更有逻辑性和条理性，对方更容易理解我们的观点和意图。在思考的过程中，我们可以组织语言，使表达更顺畅。我们把话想好再开口，就会给人一种沉稳、自信的印象，有助于我们树立个人形象，获得他人的信任。

2. 请教问题的门道

小 A 是名校毕业生，工作后表现突出，经常被上司夸奖。这天，小 A 向前辈小 B 请教问题。

B哥，我遇到了一个关于项目协调的问题，我没处理过，你能帮我分析分析吗？
名校的高才生都解决不了的问题，我怎么分析？要不你去问问上司吧！
旁白：小 A 只表达自己的需求，以求助的姿态询问，并没有获得小 B 的帮助。

B哥，我遇到了一个关于项目协调的问题，上司经常让我和优秀的前辈多学习，我觉得你的经验丰富，想听听你的意见。
好，你给我说说什么情况？
旁白：小 A 请教问题时侧重夸奖对方，以寻求高见的姿态询问，轻松获得了小 B 的帮助。

请教他人时要注意谦逊礼貌，但切记不可把姿态放得太低，以免引起他人的嘲笑。我们可以先夸赞对方，表示其有解决问题的能力，然后再引导对方发表看法。这样捧着对方，可以转移对方的注意力，让他自然而然地对你的问题做出解答，从而大大提升获得帮助的概率。

TIPS 小贴士

1. 表达意见时，要先等别人把话说完。理解对方想法的同时，自己也能提出更恰当的意见。
2. 在沟通过程中，要引导对方思考问题，帮助他们理解你的观点。在表达自己的观点时，要尽量用简洁、明了的语言。

提高警惕，巧妙应对夸赞

在职场中，与上级或客户的互动尤为重要。有时我们会收到来自他们的夸赞，如何正确应对，不仅关系到我们的形象，也影响着我们的职业发展。提高警惕，掌握方法，能够让我们在职场中更加清醒，更加游刃有余。

1. 看清对象，顺势回答

小 A 和上司一起去谈一个价值 5 000 万元的项目，相关事宜都和对方的老板 B 总谈妥了，但在签合同的那天发生了一件事。

小A呀，你是我见过的第一个在20分钟之内就能把这个项目拿下来的人，真是后生可畏啊！
哪里，还是我们老板厉害，我只是辅助。

旁白： 听完这句话，B 总变了脸，要求再考虑一下，改天签约。小 A 愣了好久才反应过来，在对方老板的面前极力抬高自家老板实在不妥。

小A呀，你是我见过的第一个在20分钟之内就能把这个项目拿下来的人，真是后生可畏啊！
B总，您过奖了，能谈成这次合作，最应该感谢您啊。就因为您慧眼识人，所以我们才拥有了这次跟您合作的机会。

旁白： B 总听完小 A 的回答，双方顺利地签下了合同。

商务会谈时要分清沟通的对象，保持低调的形象，不抬高己方，避免过于炫耀。适当赞美对方是一种礼貌的表现，同时也展现了自己的谦逊态度，这样做也有助于增强双方的合作意愿，为进一步合作创造良好的条件。

2. 充满自信，表明决心

公司召开了月度总结会，上司B总在会议快结束时夸了小A。

小A最近工作状态不错啊，签了好几个大单。
没有，没有……

旁白：小A以为表达谦虚就可以，没想到B总脸色不佳，随后便将话题转移到了下个月的工作计划上。全场气氛也很尴尬。

小A最近工作状态不错啊，签了好几个大单。
谢谢B总的肯定！我能签单都是因为咱们的产品优秀，团队出色，客户才能放心下单。以后我们团队会更加努力，争取再创佳绩。

旁白：小A积极的工作态度，让B总很满意，B总带头鼓起掌来。

自信地接受上司对自己的夸赞，能让你在同事和上级面前展现出敬业的形象，有利于提高个人声誉，也有助于赢得上级的好感，使上下级关系更和谐，为以后的职业发展奠定基础。公共表扬某人也会在一定程度上激励其他员工的工作热情和积极性，从而提高工作效率。

TIPS 小贴士

1. 与上司和客户在一起时，要分清主次，先对客户表达赞美，再适时地赞美上司。
2. 大方接受并及时回应上司的赞美，可以表示自己将继续努力，会让别人对你有所期待。
3. 在回应赞美时，可以把功劳归于团队和产品。

领导“自嘲”，借势反夸

面对领导的自嘲，作为员工，我们不仅要听出其言外之意，还要学会借势反夸，以此来表达对领导的尊敬和肯定。这样的方式既回应了领导的自我调侃，又表达了对领导工作的认可，也体现了我们团队的积极进取精神。

1. 领导说自己老了你该怎么说

公司组织羽毛球联谊赛，最终小A战胜上司B总赢得了比赛。

哎呀，看来我是真的老了，不中用了。
B总，您的零件都锈了，哪里比得过年轻人，输了很正常。

旁白：B总的本意是给自己挽尊，小A此话一出，B总当场脸色大变。其他同事听到小A这句话，深觉此人难成大器，平时都自觉和小A保持距离。

还得是你们年轻人啊，我这把老骨头是真的不中用了。
B总，您太谦虚了，我控制的只是球的方向，而您控制的可是公司的发展走向啊！

旁白：小A的赞美让B总听了很舒服，他觉得小A是个可造之才，随后在工作中屡次指点小A。

领导说自己老了，我们可以通过肯定领导的工作表现和对团队的贡献，巧妙地避开领导的年龄问题，转而强调领导的其他优点和重要性。

2. 领导对你说自己胖了你怎么说

过年后上班，小 A 在乘坐电梯的时候，迎面撞上了上司 B 总。小 A 倒是没什么变化，但 B 总看上去比放假前胖了。

都说每逢佳节胖3斤，我这都得胖6斤了。
哪有？我怎么没看出来您胖了呢？

旁白：小 A 这话说得违心，B 总也神色淡淡的，小 A 一时想不出如何应对。

都说每逢佳节胖3斤，过个年，现在衣服都不合身了。
君子不重则不威，B总您可是我们公司的领头人，您没点威严那怎么行？再说了，心宽体胖嘛，说明您心态好。

旁白：小 A 这话把 B 总逗得开怀大笑，B 总也因此对他印象深刻。

这样的回应既没有直接评论领导的外貌，也没有表现出过度的关心，而是巧妙地将话题转移到领导的积极特质和工作能力上，同时也表达了对领导健康和活力的祝愿。这样的交流方式有助于维护良好的上下级关系，营造一个积极和谐的工作环境。

TIPS 小贴士

1. 根据实际情况灵活应对，不要顺着领导自嘲的话接下去，而要懂得变通。赞美总是不会错的。
2. 上级出于各种原因情绪低落时，可以适时表达对其领导能力的认可，让他们感受到自己的价值不受外貌或年龄等的影响。

冷静应对客户的“致命”问题

面对客户的“致命”问题，我们需要冷静应对，并以专业的态度来解决问题。可以利用高情商来缓解紧张气氛，让客户感受到我们的诚意和专业度。要注意在维护自家公司的利益和声誉的同时，尽可能满足客户的需求，这样才能在自家上司和客户之间取得平衡，赢得双方的信任和支持。

1. 勇敢面对不回避

饭局上，客户C总问小A，自己和小A的领导B总谁更能喝。

小A啊，你说我跟你们B总，谁酒量更大？
这种事您还是别问我了，我哪知道啊。

旁白：C总只觉得小A扫兴，没了接着喝下去的兴致，饭局草草结束。

小A，你说我和你上司，谁更能喝？
别看我跟B总参加了这么多饭局，但B总能有多大的酒量，这我还真说不清。要说能和我们B总喝到最后的，您还是我见到的第一位呢。您二位都是高手，来，我敬您一杯。

旁白：小A既没有破坏C总的兴致，又维护了B总的面子，饭局氛围甚是愉快。

饭局上切忌捧一踩一，千万不能妄作评判，否则得罪的可不只是一个人。有可能被贬低的一方仇视你，被夸赞的一方也不会把你当回事，只觉得你眼里没大没小，坏了规矩。

2. 人情练达展情商

小 A 陪上司请客户公司的 C 总吃饭。席间，C 总问小 A 自家公司和他们公司哪个更有发展前景。

小A，咱们也合作这么多年了，你说说这两家公司哪个势头更猛啊。
我就是一打工的，谁猛不猛我不关心。

旁白： 小 A 敷衍的回复扫了 C 总的兴，也使上司觉得他对公司的事不够上心，小 A 此后再没得到重用。

小A你觉得咱们两家公司，最近哪个更有发展潜力啊？
C总，咱们这么多年合作不少项目了，我们一直负责生产，贵公司主打运营，在当地都是各行业的翘楚了，咱们在一块就是强强联合，哪有什么高低之分啊。我再敬您一杯，祝今后两家公司共创辉煌。

旁白： 小 A 的一番话炒热了现场氛围，让 C 总和上司都很满意。

酒局上经常会遇到突发事件，一旦处理不当就很容易流失客户。面对客户刻意刁难，我们理应保持从容，妙语连珠方能左右逢源。

TIPS 小贴士

1. 在饭局上，要避免造成“踩一捧一”的局面。可以尝试找到客户和老板都值得称赞的地方，进行赞美。
2. 在回应客户的刁难时，可以强调双方的合作关系和共同目标，强调各自的优势以及“强强联合”的理念，有效地回击。

饭局左右逢源，言语灵活变通

在饭局上，我们应该做到左右逢源，言语灵活变通。这意味着我们要善于观察和分析饭局上的人物关系，根据不同的情况和话题，灵活调整自己的言辞和态度。

1. 公司宴会你来提一杯该怎么说

公司宴会上，为了烘托气氛，大家都自发起身提一杯，讲两句，不一会儿就轮到了小 A。

祝大家工作顺利，我干了，你们随意。
啊，这就完了？

旁白：小 A 简短敷衍的祝酒词，让原本热闹的场子瞬间冷下来，大家都觉得小 A 没眼色，破坏了气氛，小 A 在大家心中的印象大打折扣。

人生如梦，难得一碰。我希望在座的各位都能一帆风顺好事多，身体健康快乐多，一年四季福气多，财源滚滚钞票多。来，咱们干杯。
来来来，让我们感谢小A的祝福，干杯。

旁白：小 A 真诚、美好的祝酒词，点燃了大家的热情，大家纷纷附和，小 A 也凭借这次机会给公司领导和同事留下了好印象。

相信很多人在宴会上敬酒时，随口就说“我干了，你(们)随意”，但这句话实在太随意。正确的做法是，开动大脑，试图去改变自己的思路，平时多学习，多积累，在合适的场合尽量做到出口就惊艳众人。

2. 同事聚会让你提一杯怎么说

小A所在的营销组经过几回奋战，终于将项目完美落地，上司B总对他们的表现非常满意，于是自己做东请他们下班后在公司附近的餐厅吃饭。

我们本次项目能顺利落地，小A是大功臣，小A，你来给大家讲两句。
我这人嘴笨，不会说话，这杯酒我干了，大家随意。
旁白：小A白白浪费了B总给他的表现机会。

小A，你这次的努力我都看在眼里，项目能顺利落地，有你一半的功劳，你给大家讲几句吧。
B总真是抬举我了，那我也借今天这个美好的时刻，向大家表达我的敬意和感激之情。感谢公司领导们的信任和支持，感谢同事们的团结和协作。我相信，在大家的共同努力下，我们一定能够创造更加辉煌的明天。
旁白：小A一番有激情、诚恳的话，让在场的领导和同事听了都很开心。B总此后对他更加器重。

职场中，有一些人总是失败，往往是因为他们墨守成规，不会变通。人生在世，处世要灵活，说话也要灵活。同样的一句话，往往换个表达方式，就能取得意想不到的神奇效果。

TIPS 小贴士

1. 平时要有意识地积累一些含有祝福意味的祝酒词，为酒会发言做准备。
2. 干巴巴的表达往往对酒会气氛起不到什么作用，换个语气、丰富其中的内容，或者借这个机会表达对大家的感谢或赞美，或许能够取得意想不到的神奇效果。

饭局窘境，话术巧解

遭遇窘况先自省，思虑不周应自查。偶然的插曲也未尝不是在他人面前展示自我的契机，像是酒未倒满，或是碰倒杯子等情况，遇事冷静不惊的态度就已经将问题化解了一半，倘若能凭借智慧化解危机转危为安，就更是一份满分的答卷了。

1. 倒酒剩半杯，福尾接运头

公司内部聚餐时，小A给各位上司倒酒，到B总时酒没了，只倒了半杯酒。

到我这儿就只剩半杯了，是吧？
您先别着急，我马上就再开一瓶给您倒满。

旁白：B总觉得很没有面子，其他领导也觉得小A不会办事，都不帮他说话。

怎么偏偏到我这儿就只剩下半杯了？
领导，您有所不知啊，我特意给您留的福尾！我还要新开一瓶把运头给您添上，福尾接运头，事业有盼头，运头配福尾，祝您今后顺风又顺水！

旁白：小A巧妙化解了B总的尴尬，B总十分满意。

酒桌犯错不急着认错，也许就不成为错误。灵活应对各种情况，表现出礼貌、尊重与周到，就能赢得领导的信任和好感。

2. 误碰倒酒杯，祝事业腾飞

饭局上，小A想给B总倒酒，却不小心把杯子碰倒了。

小A，倒个酒怎么还能把杯子碰倒了，你这样，我哪放心把事情交给你办啊？
对不起，B总，我这就去找人来收拾。

旁白：小A的举动破坏了B总的兴致，饭局氛围变得格外拘谨。

小A，你看着点儿，笨手笨脚的！
B总，这杯子一倒，长寿不老！杯子一碎，大富大贵。您以后指定一帆风顺，事业腾飞啊！

旁白：小A机智化解了由于自己的失误而导致的差错，一番话把全场气氛推向高潮，赢得了B总的赞美。

酒桌上面对这种突发情况时，反应稍有不对便极容易影响与会者的兴致。我们应该凭借机智和灵敏的反应，营造轻松氛围，展现幽默风趣，赢得在场人的赞许。

TIPS 小贴士

1. 人人都有犯错的时候，因此当我们在饭局上出现失误时，要保持冷静，以开放的心态，寻找合适的化解话术。
2. 积累几个常见的化解酒桌尴尬情况的方法，或者临场发挥自己的应变能力，从当下的情形中找到象征意义，将危机化成契机。

转换思路，巧妙脱身

人生在世，都离不开与人交流，当直截了当地说会不太方便或抹不开面子的时候，就需要变通，随机应变，方能扭转局势，化解尴尬。

1. 饭局迟到，同事让你买单该怎么办

小B参加同事小A组的饭局，因为路上堵车迟到了，谁知他一到场，小A就起哄挖苦他，让他买单。

小B，你现在才来，是不是直接来买单啊？
没问题，今天全场的消费由我买单，大家敞开了吃。

旁白：堵车迟到的小B本来就心存愧疚，听了小A这话，本无意买单的他不知如何应对，经历一番思想斗争后，只好打肿脸充胖子，答应买单。

哎呀，小B你现在才来，是不是打算直接来买单啊？
大家是看你的面子来的，我迟到就已经喧宾夺主了，如果我再买单，不抢你风头了吗？

旁白：小B把话题转移到组局人小A身上，让自己成功脱身。

被人言语刁难时，不要软乎乎地任人欺负，也不要傻乎乎地鲁莽应付，学会变通，适时地转移话题中心，使自己巧妙脱身。

2. 饭局上把汤水沾到衣服上了怎么应对

下班后，小A和同事相约聚餐，服务员小B上菜的时候不小心把汤水洒到了小A的衣服上。

你怎么毛手毛脚的，把你们老板找来，我要问问他是怎么培训店员的？
非常抱歉，女士，我真不是故意的……

旁白：小A直接打断小B的解释，强制要求老板出面处理，本来好好的聚会，因为这个插曲弄得大家都兴致索然。

看来我今天真的是太饿了，连衣服都想尝一尝这道菜的味道。那我先去处理一下，你们先吃着。
女士，真的非常抱歉，您方便跟我来洗手间吗？我们这边安排人帮您清洗一下。

旁白：小A幽默的回复，让大家不由得松了口气，席间弥漫着其乐融融的气氛。

意外总是会在不经意间降临在我们面前，这个时候是考验情商和修养的时刻。在遇到意外时，若是能够转换思路，使用独特、新颖而又有趣的应对方法，不仅能化解尴尬，还能活跃气氛。

TIPS 小贴士

1. 在被人刁难时，不要直接承担本不属于你的义务，而要灵活应对，可以通过强调提议者的主角地位来把话题转移到对方身上。
2. 遇到他人失误，不要急着训斥，可以幽默地应对，给对方一个台阶下，这样还能活跃气氛。

酒宴之上，句句金玉

在社交场合中，帮助他人化解尴尬不仅可以展现我们的友善和机敏，也可以增强彼此之间的联系和信任。同时，我们也应该学会用高情商来为自己化解尴尬，以保持良好的形象和自尊心。

1. 帮助他人化解尴尬，展现友善和机敏

公司聚餐时，小A不小心把一道菜上的装饰品夹起来吃了，服务员提醒他这个是装饰品，同事小B想帮小A打圆场。

我没吃过这个菜，真是丢人了。
没事，没事，毕竟咱也不知道是装饰品嘛！

旁白：小B反而将小A的窘态挑明了，同事们都忍不住哄堂大笑，小A一时下不来台，怀疑小B是存心的。

小A，看来你运气不错哦，一上来就夹到硬菜了，今晚咱俩买彩票去！
哈哈，独乐乐不如众乐乐，大家都沾沾好运，也祝我们友谊长存。

旁白：大家纷纷举杯庆贺，场面其乐融融，小A避免了尴尬，小B也展现出了自己对同事的友善。

救场如救火，向处境尴尬的他人伸出的援手，终会在日后拉住同样陷入社死困境的自己。

2. 为自己化解尴尬，维护形象和尊严

公司内部聚餐，小A本打算给B总倒杯酒，拉近与B总的关系。不料B总却说他没资格。

你可没资格给我倒酒。
这么多人，您别让我难堪啊！

旁白：小A在众目睽睽之下不知所措，场上气氛也降至冰点，同事们都避之不及，事后也对他指指点点。

你是哪个部门的？也有资格给我倒酒？
我资格不够，但是我的运气够！能给您倒酒是我的荣幸，希望您能给我个机会，让我为您斟满健康，斟满财运！

旁白：小A的回答瞬间化解了尴尬的局面，B总随即夸小A年轻机智，对小A赞美有加。

谦逊有礼是与人相处的基本准则，放低身段是化解尴尬的灵药良方，面对上司更应当如此。如果既称赞了上司身份尊贵，又避免了自己的难堪，而丢掉的只是当下毫无用处的虚荣，那何乐而不为呢？

TIPS 小贴士

1. 在他人因为没有体验过某事或失误而闹出尴尬时，不要嘲笑他，而要主动给其一个台阶下，可以换个说法将坏事变成赞美，这也是为自己结善缘。
2. 遭遇上司的刁难时，要放低身段，坦然应对。可以顺便赞美对方一番，为自己的职业发展铺路。

小结 好风凭借力，送我上青云

1. 提高自己的观察能力和分析能力，关注工作中容易被别人忽视的小细节。
2. 每个人擅长的领域不同，虚心请教不丢人，及时更新是关键。
3. 将不同的意外情况进行关联，探索它们之间可能的联系。
4. 凡事都需要有人第一个做，做“出头鸟”没什么好怕的。
5. 自我提升是一个长期的过程，需要耐心和毅力。不要期望一夜之间就能改变你的短板，持续的努力和时间投入是关键。
6. 选择具有社会价值的话题进行宣传，借此提高企业的社会形象。
7. 当对方的问题触及你的边界时，你不妨用一样的问题反问对方。
8. 遇到他人失误，不要急着训斥，可以幽默地应对，给对方一个台阶下，这样还能活跃气氛。